更遗憾的进化

〔日〕今泉忠明 编 〔日〕下间文惠 等绘 郑钰晓 译

南海出版公司

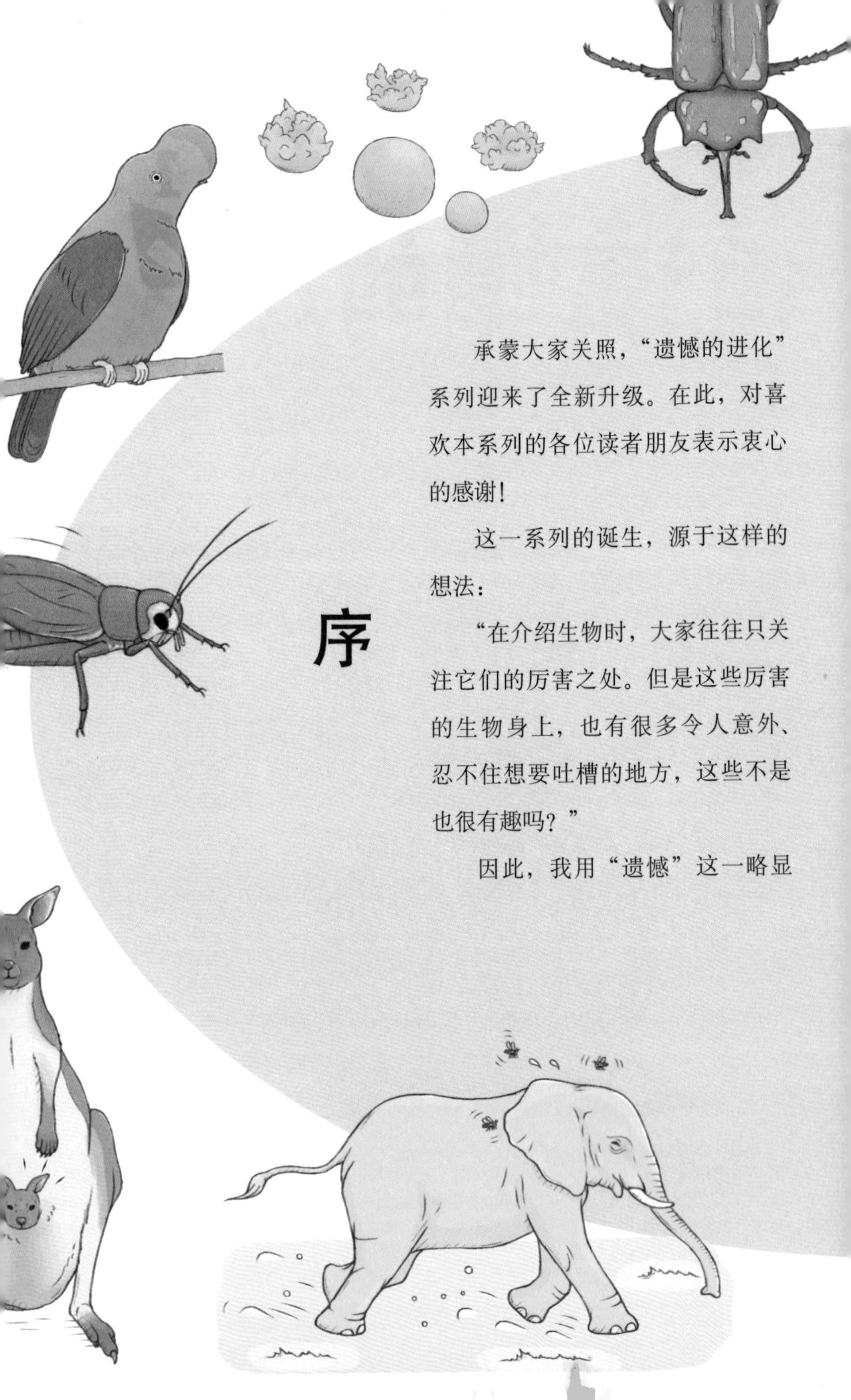

序

承蒙大家关照，“遗憾的进化”系列迎来了全新升级。在此，对喜欢本系列的各位读者朋友表示衷心的感谢！

这一系列的诞生，源于这样的想法：

“在介绍生物时，大家往往只关注它们的厉害之处。但是这些厉害的生物身上，也有很多令人意外、忍不住想要吐槽的地方，这些不是也很有趣吗？”

因此，我用“遗憾”这一略显

失礼的词语，来介绍生物们这样的一面。并用“更遗憾”来形容这一系列的“升级”——这本书不仅仅介绍个体，还增加了生物之间的多维度“比拼”，希望能以此为契机，让大家更深入地了解生物的多样性。

如果你能在书中遇见喜欢的生物、发现与自己有相似之处的生物，或是想进一步了解、调查书中某些奇妙的知识，从此更加喜爱生物，我将备感荣幸。

今泉忠明

新经典文化股份有限公司
www.readinglife.com
出　品

目 录

第3章 让人遗憾的身体

第4章 让人遗憾的生活方式

第5章 让人遗憾的能力

翻页动画小剧场

※ 说明

本书每页标题中的名称多为一类生物的统称，“生物名片”部分介绍的中文名如果与标题中不同，通常为该类生物中的某一物种。

第 1 章

进化的认知史

生物的身上为什么会有“遗憾”？
答案就藏在“进化”的历史中。
为了更深入地了解生物，
人类是如何思考和研究进化的呢？
先来看看这段认知的历史吧！

从前伟人们
生物诞生

超级生命

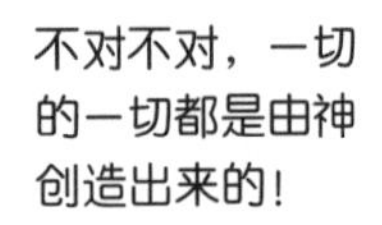

不对不对，一切的一切都是由神创造出来的！

犹太教的先知・摩西
（约公元前 1300 年）

他认为一切生物都是神创造的。这一观点随着宗教的传播，逐渐被世界各地的信众接受。

只要有草和水，在哪里都可以生存。

争论愈演愈烈，不过，接下来发生了一件颠覆这些观点的大事……

不对，是因为“生命之种”的存在！

哲学家・亚里士多德
（约公元前 350 年）

他认为世界上存在许多可以孕育生命的种子，生物由此诞生。

思考的方式

牛是怎么诞生的？

牛

大家知道哪种生物拥有最适合生活在地球上的身体吗？答案很可能是牛。

世界上几乎到处都有草生长，而牛只需要吃草就可以提供人类需要的肉和牛奶等食物。那么，它们是怎么拥有这样的身体和能力的呢？

很早以前，人类就开始思考生物是怎样诞生的了。

能将草转化为富含蛋白质的肉和奶。

拥有走很长时间也不会累的腿。

万物皆诞生于水。

泰勒斯
（约公元前 600 年）

他认为世上所有生命都来源于水（大海），又回归于水。

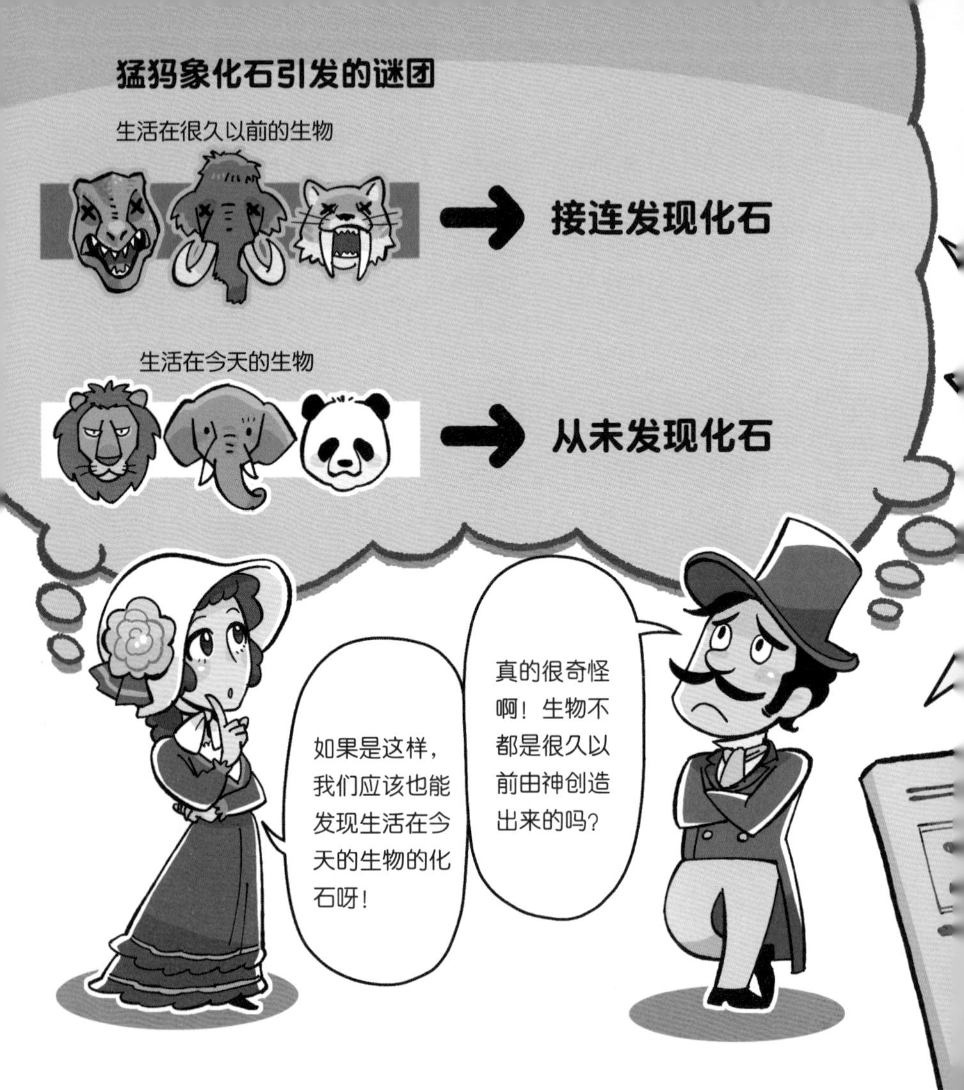

人们从未发现过现存生物的化石，因为这些生物在很早以前尚未出现。由此我们可以推断，从前地球上生活着其他生物，而现存生物是后来才诞生的。

可是，这种猜想与一直以来的说法——“生物都是很久以前由神创造出来的”——相矛盾，因此当时的人们陷入了困惑。

直到一位科学家解开了这一谜题……

古生物遗骸的发现

直到大约 200 年前，人们还普遍认为生物是很早以前由神创造的。

但是 1799 年，人们在北极附近的西伯利亚地区发现了猛犸象的化石。

这一发现带来了一系列巨大的谜团。

号外!!
遗憾时报
"巨人之骨" 其实是猛犸象的遗骸!
人们在西伯利亚的冻土层中，发现了残留着肉和毛发的猛犸象化石。科学家们认为，这些体形巨大的猛犸象在远古就灭绝了，是今天大象的亲戚。
在此之前，人们也曾发现过许多猛犸象的遗骸，但一直认为是巨人或怪物的骨头。
不过，根据此次发现，科学家们基本可以确定，数百万年前，现代大象的一部分亲戚曾经生活在地球上，今天却消失了。
虽然猛犸象灭绝的原因尚不明确，但此次发现引起了关于生物诞生的广泛讨论。

❷它的孩子、孙子、孙子的孩子，世世代代练习着飞行。渐渐地，这种鸟的翅膀变得越来越大，因为走得少了，脚反而变得越来越小。

随着不断扇动翅膀，肌肉逐渐变得发达，终于能飞起来了！
❸大概 200 万年后，它们完全变成了可以自由飞翔的鸟。

这究竟怎么回事？

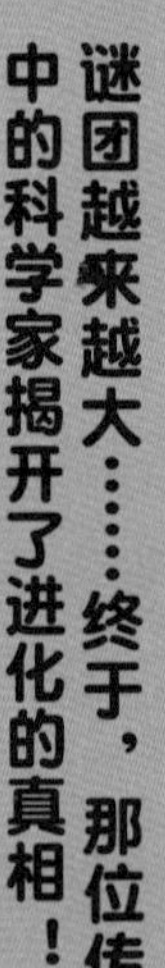

谜团越来越大……终于，那位传说中的科学家揭开了进化的真相！

如果说生物身上不被使用的器官终将消失，那为什么男人身上还有乳头？生活中用得到或用不到，是不是和进化没什么关系？

虽然男人不需要用乳头来喂奶，但仍保留了这一器官。

生物可以『大变身』?!

法国博物学家拉马克用『进化』的观点解答了谜题。不过，当时也有许多质疑和反对的声音。

进化学说

100 万年后

❶某个地方有种不会飞的鸟，它翅膀很小，脚很大。

为了吃到树上的果实，好好练习飞行吧！

古时候的生物逐渐改变体形和能力，演变成今天的生物。这就是进化！

拉马克（约 1800 年）

等一下！

有的人锻炼出了一身强壮的肌肉，但他们的孩子也不会一出生就浑身肌肉吧？我想，通过训练得到的能力是无法被下一代继承的。

环境的改变引起了生物的进化！

生物学家达尔文在著作《物种起源》中，阐述了生物进化发生的机制。

漫画小科普！

达尔文的生物进化论

从前有片森林里，生活着一群毛发短、体形小的猴子。

猴子们世代繁衍着。由于偶然的基因突变，族群里时不时会出生和同伴稍有不同的猴子，但是它们的身体和能力都没有明显变化。

基因突变

眼睛较大

第 67 代

（没有增加）

第 68 代

基因突变

鼻子较大

第 69 代

（没有增加）

第 70 代

增加

※ 由于种种原因，新生小猴子的基因会发生改变，身体和能力与父辈不同。

环境的剧变与生物的基因突变同时发生，往往会引起生物的进化！

达尔文
（约 1860 年）

这群猴子因为毛发太短，很多同伴熬不过酷寒，数量逐渐减少。

某天，大火山突然喷发。天空被厚厚的火山灰笼罩，阳光无法照射下来，地球变得异常寒冷。
轰隆!!

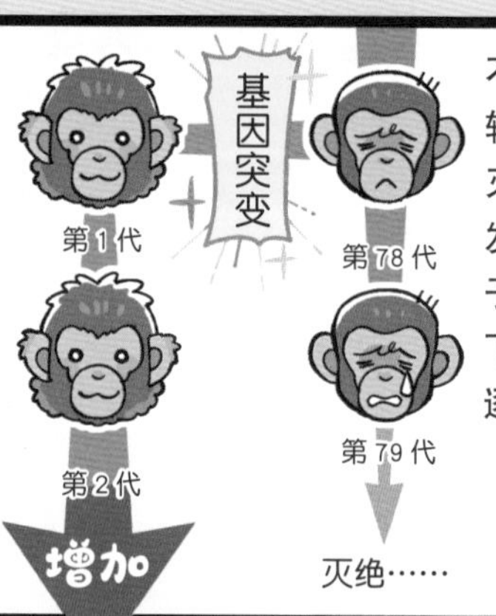
基因突变
第1代
第2代
增加
第78代
第79代
灭绝……
不久，毛发较短的猴子灭绝了，毛发较长的猴子则生存了下来，数量逐渐增加。

碰巧诞生了这样一只猴子，它因为基因突变，毛长得更长。这只猴子比族群里的其他猴子都更耐寒一些。
身体暖暖的！
毛茸茸

200万年后，只有那些毛发长、体形大的猴子生存了下来。
END

大块头
之后，由于新的基因突变，毛发更长、体形更大的猴子诞生了。毛发越长、体形越大，耐寒性就越强，因此这种猴子的数量逐渐增加。

正因为大家互不相同，才有了进化

达尔文的进化论告诉了我们两件事。

首先，进化是偶然发生的。

比如，马最初也没想跑得很快。很久以前有各种各样的马，有体形较大的马、脖子较长的马、腿较长的马，也有像今天这样跑得很快的马，它的外形恰巧最适应环境，因此幸存至今。所以，进化的一个重要条件就是“大家互不相同”。

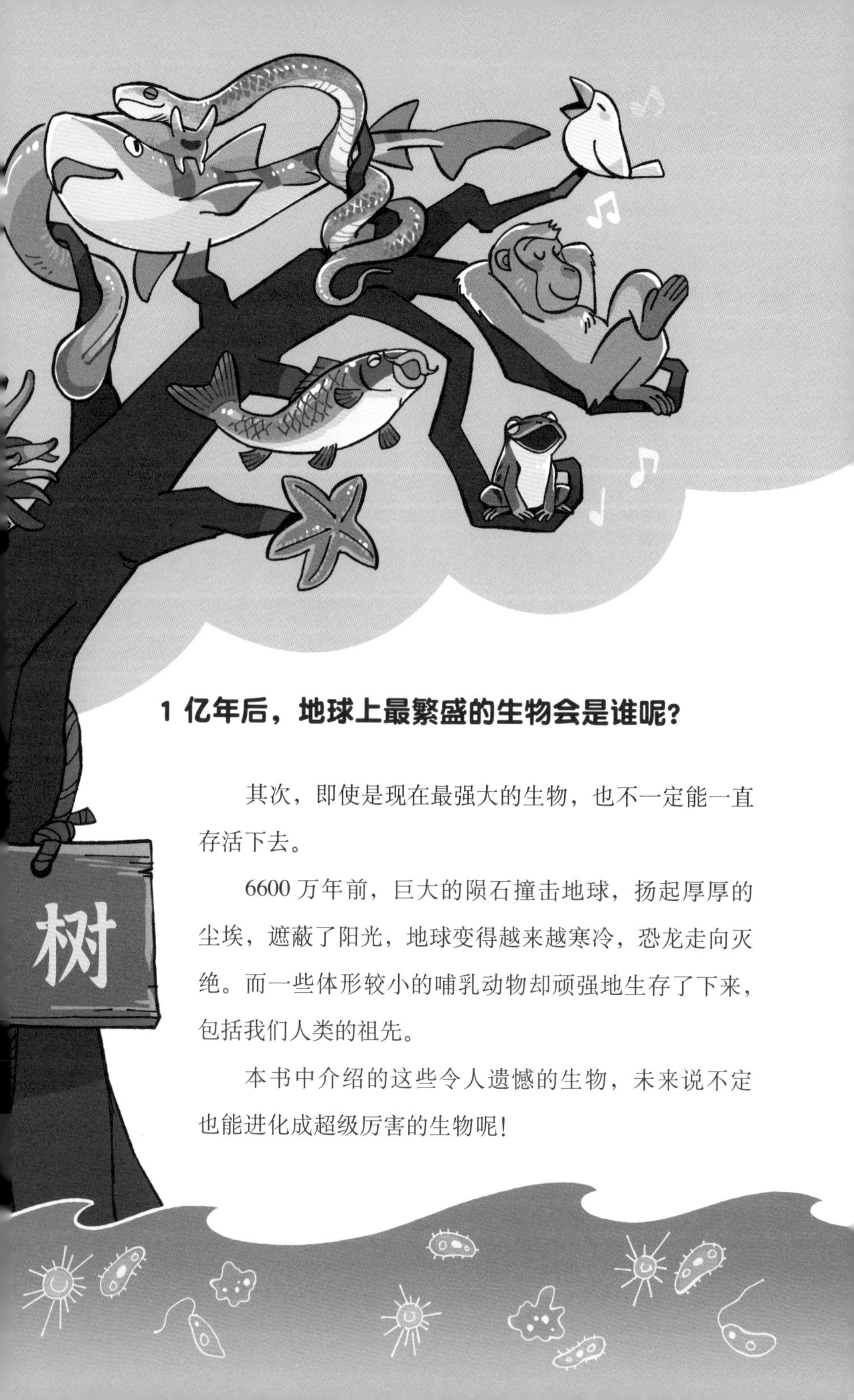

1 亿年后，地球上最繁盛的生物会是谁呢？

其次，即使是现在最强大的生物，也不一定能一直存活下去。

6600 万年前，巨大的陨石撞击地球，扬起厚厚的尘埃，遮蔽了阳光，地球变得越来越寒冷，恐龙走向灭绝。而一些体形较小的哺乳动物却顽强地生存了下来，包括我们人类的祖先。

本书中介绍的这些令人遗憾的生物，未来说不定也能进化成超级厉害的生物呢！

第2章

既让人佩服，又让人遗憾

有些生物既有了不起的一面，
也有让人忍不住想吐槽的一面：
“为什么会变成这样？”

翻页动画小剧场

雨蛙的
目的地是……

短尾信天翁的便便造就了一个国家

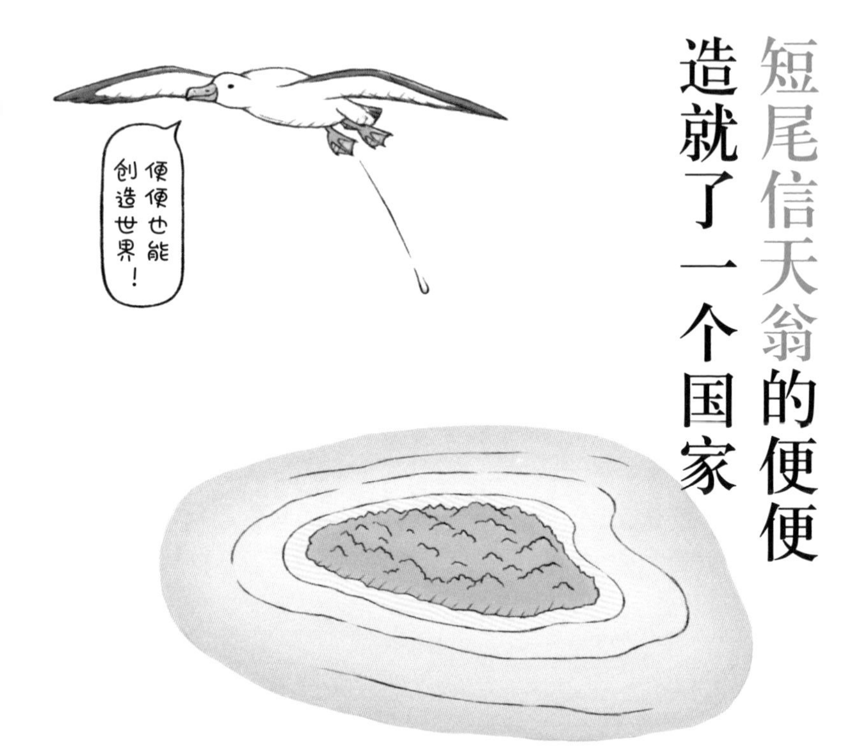

童话故事《糖果屋》里描述了一栋用糖果和点心做成的房子。而在现实世界的太平洋中，竟然**有一座便便堆成的岛**。

这座岛最初是一片珊瑚礁，千万年来，无数短尾信天翁将大量便便排泄在珊瑚礁上。经年累月，便便发生了化学变化，变得硬邦邦的，慢慢形成了这座岛。**岛的面积大约有 82 个鸟巢那么大**。随着越来越多的人到岛上居住，**“瑙鲁共和国”就此诞生**。

瑙鲁人的生活也离不开短尾信天翁的便便，他们**靠出口“磷酸盐”这种由便便形成的优质磷矿来获取收入**。

不知短尾信天翁知道自己的便便被这样利用，会是怎样的心情。

生物名片

鸟纲

■**中文名** 短尾信天翁
■**栖息地** 北太平洋的岛屿
■**大小** 全长约92厘米
■**特点** 寿命约40～60岁，是鸟类中的长寿者

Q 北极熊的皮肤是什么颜色的？ ➡答案见第26页

电鳗放电时，自己也可能会触电

电鳗释放出的电压最高可达 800 伏，几乎是一般家用插座电压的 4 倍，**强劲到可以电晕一头鳄鱼或一匹马，甚至可能将其电死。**

电鳗通过放电，既能防御天敌，也能攻击猎物，听起来就像游戏里的怪物一样厉害。但实际上，**它们自己也可能会被电得浑身发麻。**虽然电鳗体内重要结构的表面都包裹着厚厚的脂肪，能够起到良好的绝缘作用，但这并不能完全阻挡电流的威力。

也许电鳗**最厉害的不是放电，而是强大的忍耐力吧。**

生物名片

硬骨鱼纲

■**中文名** 电鳗
■**栖息地** 南美洲的河流
■**大小** 全长约2.5米
■**特点** 放电器官位于身体两侧，由特化的肌肉组织构成你知道短尾矮袋鼠吗？它可是动物界的人气偶像，天生长着弯弯的嘴角，**看起来永远一副笑眯眯的样子**。如果游客用相机镜头对着它，**它还会蹦蹦跳跳地靠近，配合拍照。**由于十分热情好客，短尾矮袋鼠收获了大量粉丝，**每年有超过50万游客从世界各地前往澳大利亚看它们。**

但是，人气越高，短尾矮袋鼠要承受的潜在压力就越大。为了保护这种易危动物，当地政府制定了对待“巨星”级别的保护规则和相应的违规惩罚措施，以免它们受到人类的伤害。

规定严禁给短尾矮袋鼠投喂食物，以防它们生病。**如果随意触摸它们的身体，会被罚款，严重的可能会被拘留**。因此，各位粉丝一定要理智“追星”啊！

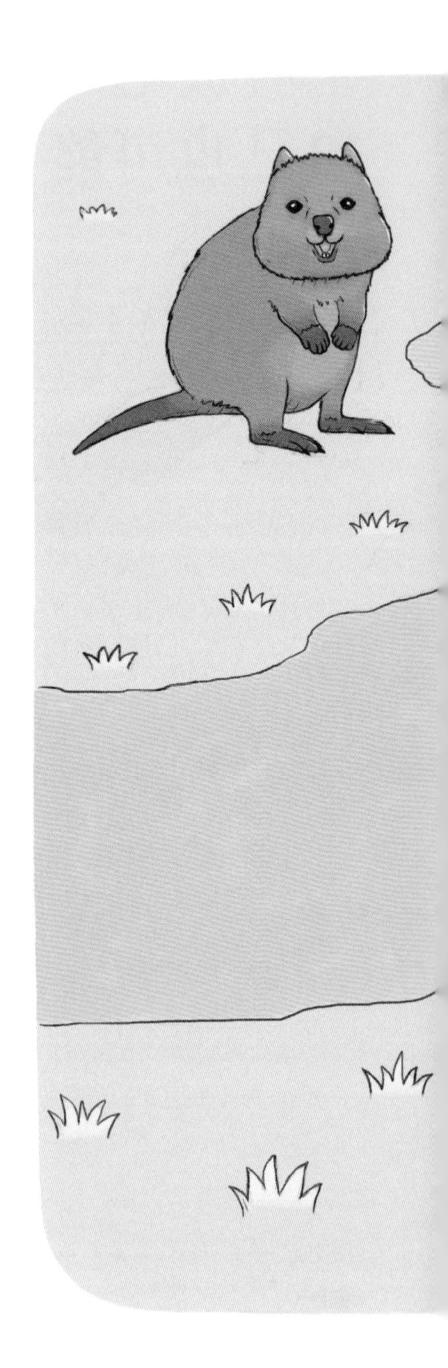

生物名片

哺乳纲

- **中文名** 短尾矮袋鼠
- **栖息地** 澳大利亚西南部罗特内斯特岛等地
- **大　小** 体长约50厘米
- **特　点** 被称为"世界上最快乐的动物"

A 第24页的答案➡黑色。

短尾矮袋鼠越热情好客，越容易有心理问题

乌鸦头脑聪明，却总爱干坏事

乌鸦的聪明程度在鸟类中首屈一指。比如，澳大利亚的乌鸦会把小树枝修理成长枪和钓钩状，用来钩出缝隙里的虫子；日本的乌鸦会**拧开公园里的水龙头喝水，还能利用汽车碾开核桃，吃里面的果仁。**

但是，它们也常用这股聪明劲儿来干坏事。有的乌鸦会**把便便塞到鹿的耳朵里玩**，有的乌鸦爱**把小石子儿扔在铁轨上、让电车碾过，以此为乐。**

它们的行为给鹿带来了小困扰，更严重的是，在铁轨上放小石子儿还可能迫使列车紧急刹车，甚至造成重大事故。

目前，乌鸦和其他生物之间的斗智斗勇仍在继续着。

生物名片

乌纲

■**中文名** 小嘴乌鸦

■**栖息地** 广泛分布在亚欧大陆

■**大小** 全长约50厘米

■**特点** 会用小树枝，甚至衣架等在树上筑巢

Q 雌性鸭嘴兽从哪里分泌乳汁？ ➡答案见第30页

海牛能感觉到水的震动，但还是会撞船而死

不管是浑浊到看不见前方的水流，还是夜里漆黑一片的大海，海牛都可以在其中自如地游动。

这都有赖于它们的毛发。海牛身体和面部乍看非常光滑，其实上面生长着大约 3000 根短短的毛发，每根毛发都通过神经与脑部相连。因此，海牛拥有**可以感知周围障碍物和水的震动**的超能力。

能力如此高超的它们，**为什么还会撞船呢**？这是因为海牛无法听到低频的声音，也就听不见船只发动机的声音。为此，每年与船相撞而丧命的海牛不在少数。

生物名片

哺乳纲

- **中文名** 西印度海牛
- **栖息地** 大西洋西部及加勒比海沿岸
- **大小** 全长约3.3米
- **特点** 据说是美人鱼的原型

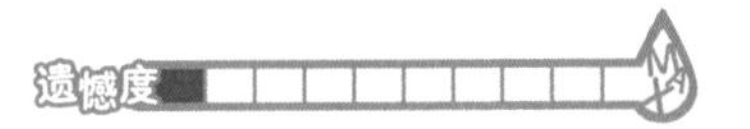

格氏荒漠金鼹的脑袋和屁股让人傻傻分不清

猜猜哪边是屁股？

生活在非洲沙漠中的格氏荒漠金鼹，**既没有眼睛，也没有尾巴。**它们白天通常待在巢穴中，过着“家里蹲”的生活。格氏荒漠金鼹乍看没什么特长，但其实自带“高科技”。

格氏荒漠金鼹有两只**构造独特的耳朵，能感知沙子的细微震动，找出蚯蚓、蜘蛛等小型动物来充饥。**大概正是因为它们有了这样的高科技，有没有眼睛也就没那么重要了。

虽说“鼹不可貌相”，但它们**沾上沙子的身体，怎么看都像一块掉在沙漠里的年糕。**

生物名片

哺乳纲

- **中文名** 格氏荒漠金鼹
- **栖息地** 非洲南部的沙漠
- **大小** 体长约8厘米
- **特点** 用长长的爪子在沙子里像游泳一样前行

A 第28页的答案➡腹部皮肤。

大鳞鳞虎被捕食者袭击时会脱光“衣服”

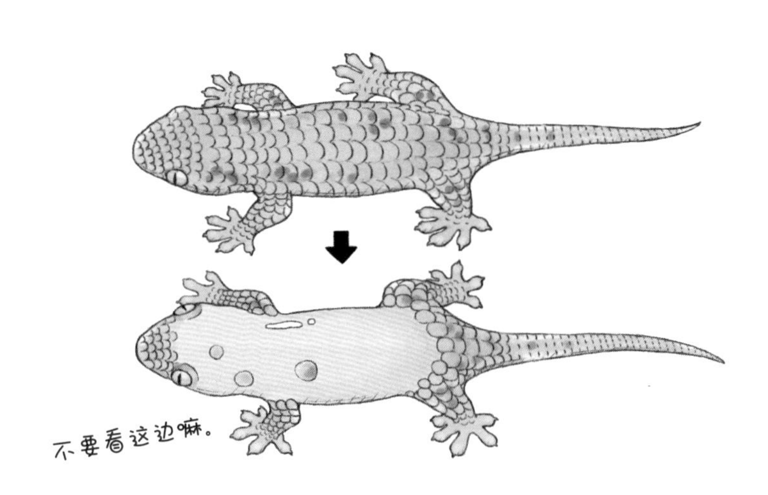

蜥蜴受到惊吓或感到有威胁时，会自断尾巴。这种舍去身体一部分逃跑的行为，在动物学上叫作“自割”。

大鳞鳞虎也会用自割的方式保护自己，不过舍去的竟然是鳞片。遇到危险时，它们会**将身体表面的鳞片扑簌簌（sù）地脱落下来，让敌人只能抓到鳞片，从而乘机逃跑**。相比断尾，褪去鳞片对身体的伤害较小，这确实是个好点子啊！

但是，皮肤裸露的大鳞鳞虎，**怎么看都像一块好吃的鸡胸肉**。为了不被捕食者发现，它们**只能在隐蔽的地方低调地躲上几周**，直到新的鳞片长出来。

生物名片

爬行纲

- **中文名** 大鳞鳞虎
- **栖息地** 非洲马达加斯加岛的森林
- **大小** 全长约14厘米
- **特点** 鳞片脱落后，几周就能长出来

雀尾螳螂虾拳头非常厉害，经常用暴力解决问题

像很多有毒生物一样，雀尾螳螂虾的体色非常鲜艳。不过它们没有毒，而是**以“拳头”为武器，用名为“掠足”的粗壮颚足，轻松击碎**贝壳和螃蟹坚硬的外壳，再将其吃掉。

它们出拳的速度能达到每小时 80 千米，**迅猛到能将周围的水击出气泡**，甚至能把玻璃缸砸出洞来。也许是对自己的拳头太自信，雀尾螳螂虾的脾气也很暴躁，同伴之间经常争斗，用拳头解决问题。

更厉害的是，它们的色觉超级发达，能感知到的色彩种类多达人类的 10 倍，这对它们的作战很有帮助。不过，由于眼睛裸露在外，雀尾螳螂虾**一旦被击中眼睛，似乎就会士气全无。**

生物名片

软甲纲

- **中文名** 雀尾螳螂虾
- **栖息地** 太平洋、印度洋的热带海域
- **大小** 全长约17厘米
- **特点** 在浅海的沙地和珊瑚礁上挖洞生活

Q 鳄鱼张嘴的力量和老爷爷的握力，哪个更强？ ➡答案见第34页

棘冠海星被切成两半可以再生，切成四块就会死

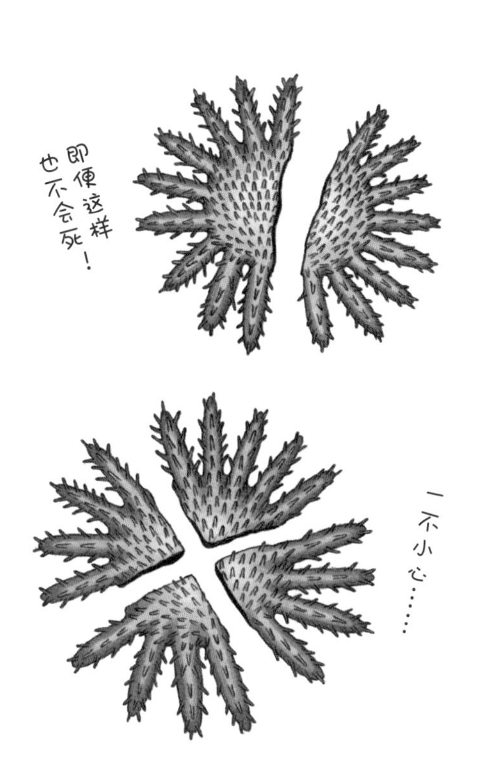

棘冠海星是一种非常可怕的生物。它们的体表覆盖着密密麻麻的尖锐毒刺，一旦被刺到会剧痛无比，**严重的甚至会危及生命**。

有时，一片海域会聚集数百万只凶狠的棘冠海星，**一下就能吃光周围的珊瑚**。

它们生命力极强，即便**身体被切成两半也不会死去**，而是会分别再生。棘冠海星如果被画成漫画角色，一定会口出狂言："哇哈哈，刀切什么的，对我也一点儿都不管用！" **不过，若是把它们切成四块，就能轻而易举地置之死地了**。这样看来，再生的速度终究还是追不上被切的速度呀！

生物名片

海星纲

- **中文名** 棘冠海星
- **栖息地** 太平洋西部、印度洋海域
- **大小** 直径约30厘米
- **特点** 最大直径超过70厘米，有20多条腕

草履虫分裂 700 次左右，便会筋疲力尽

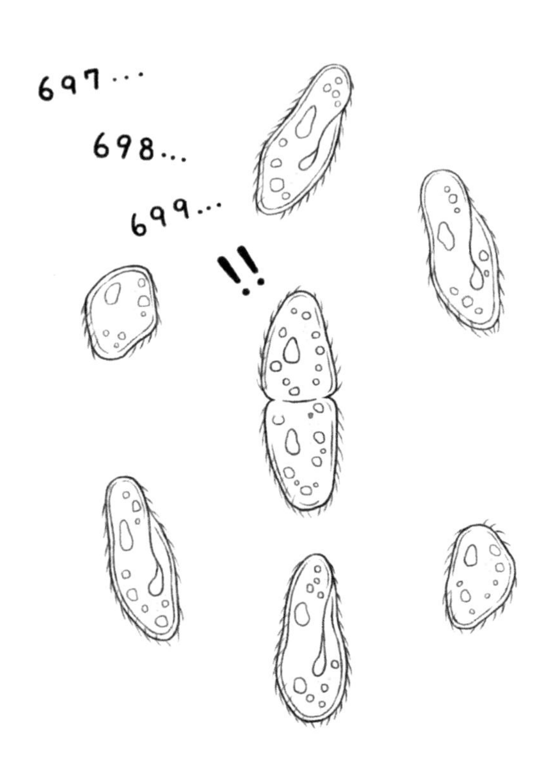

草履虫可以通过分裂的方式增殖。一个草履虫分裂成两半，很快就能变成两个个体。不一会儿，这两个个体又会分别再次分裂，成为四个个体。这样重复 50 次，**数量就能从最初的 1 个增长到约 1126 万亿个。**

按照这个趋势，草履虫似乎可以无限增殖，但其实它们也有寿命的限制，会随着一次次分裂而慢慢衰老。**据说，一个草履虫分裂 700 次左右便会迎来死亡。**

草履虫的寿命相当短暂，在一定条件下，假设按分裂一次需要 8 个小时、总共分裂 700 次来算，**它们顶多也就能活 7 ~ 8 个月**，而实际情况下，它们根本活不了那么久。

生物名片

寡膜纲

■**中文名** 草履虫
■**栖息地** 流动性不大的水田、河沼
■**大小** 全长约0.2毫米
■**特点** 靠体表的3500根纤毛四处游动

A 第32页的答案➡老爷爷的握力。

百岁兰即使活到 600 岁，也只有两片叶子

看起来叶子很多，
其实只是裂开了而已！

百岁兰是一种奇异的植物，在日本，它们因为造型奇特，也被叫作“奇想天外”。

百岁兰**生长在世界上最干燥的沙漠里**，那里几乎不怎么下雨，一片荒芜，偶尔能见到枯死的树木。尽管生存环境恶劣，它们却能**活到 600 岁以上**。甚至有百岁兰年龄超过 2000 岁，至今依然顽强地活着。据说，它们长寿的秘密之一就是拥有**长达 30 米的根系，可以吸收地下深处的水**。

一直默默守望着沙漠的百岁兰，**一生竟然只长两片叶子**。即使看上去有不少叶片，也只是叶片裂开、层层盘绕，显得数量很多而已。

生物名片

裸子植物门

■ **中文名** 百岁兰
■ **栖息地** 非洲纳米比亚沙漠
■ **大小** 两片叶子展开时，直径约7米
■ **特点** 裸子植物，雌雄异株

鲸鲨长着 8000 颗牙齿，却没怎么用过

鲸鲨是世界上最大的鱼类。它们的嘴巴有 1 米多宽，容量很大，里面**密密麻麻地排列着 8000 颗牙齿**，简直就像体育馆里的座位一样壮观。

但实际上，鲸鲨的**一颗牙齿也就和火柴头差不多大**，根本没法用来撕咬或咀嚼猎物。

它们的食物是磷虾等体形很小的浮游生物，以及各种小鱼小蟹。它们将这些食物和海水一起吞下，再用腮部海绵状的过滤器官滤除海水。**牙齿基本派不上用场，实在是很鸡肋**。

生物名片

软骨鱼纲

■**中文名** 鲸鲨
■**栖息地** 热带到温带的近海及远海
■**大小** 全长约12米
■**特点** 体表有许多斑点和横纹，每只的花纹都独一无二

Q 鲎(hòu)的脑子是什么形状？ ➡答案见第38页

胃育溪蟾完美地保护了宝宝，却因为生病而灭绝

胃育溪蟾妈妈会**吞下自己的卵**，这并不是因为它们饿了，而是为了保护心爱的宝宝，**把宝宝藏到自己的胃里孵化**。

也许你会担心，胃育溪蟾宝宝会不会一不小心被妈妈消化掉？这一点大可放心。胃育溪蟾妈妈在**吞下孩子的瞬间，胃液会神奇地停止分泌**，胃袋也会摇身变为孵卵袋。大约一周后，受精卵就会在满满的爱意中孵化、发育为幼蟾，**从妈妈嘴里蹦蹦跳跳地来到世间**。

令人遗憾的是，尽管妈妈用胃袋悉心保护孩子，但由于壶菌病流行、栖息地丧失、环境污染等问题，胃育溪蟾整个族群还是不幸灭绝了。

生物名片

两栖纲

- **中文名** 胃育溪蟾（已灭绝）
- **栖息地** 澳大利亚昆士兰州的热带雨林
- **大小** 体长约4.5厘米
- **特点** 壶菌病这种两栖类传染病可能是其灭绝的主要原因

大熊猫擅长爬树，却不太会下树

大熊猫有着毛茸茸、圆滚滚的身体，模样可爱极了。它们看起来似乎不太灵活，但其实**很擅长爬树**。熊猫手腕内侧的骨骼弯曲凸起，特化成“伪拇指”，能和其他五指形成对握，牢牢地抱紧树木。野生大熊猫可以借助爪子灵巧地爬到树上，保护自己不被豹、豺等肉食动物袭击。

不过，它们似乎**非常不擅长下树**。在动物园里，经常能看到大熊猫从树上滚落，或是压断树枝掉下来的场景。甚至还有大熊猫好不容易爬到树顶，在上面“挂”了老半天却下不来，最后**只能被饲养员救下来**。

生物名片

哺乳纲

- **中文名** 大熊猫
- **栖息地** 中国西南部的山地
- **大小** 体长约1.2米
- **特点** 腕部籽骨特化，形成的凸起也叫“第六指”，没有指甲

A 第36页的答案➡甜甜圈形。

宝石金龟甲浑身亮闪闪，常被作为标本收藏

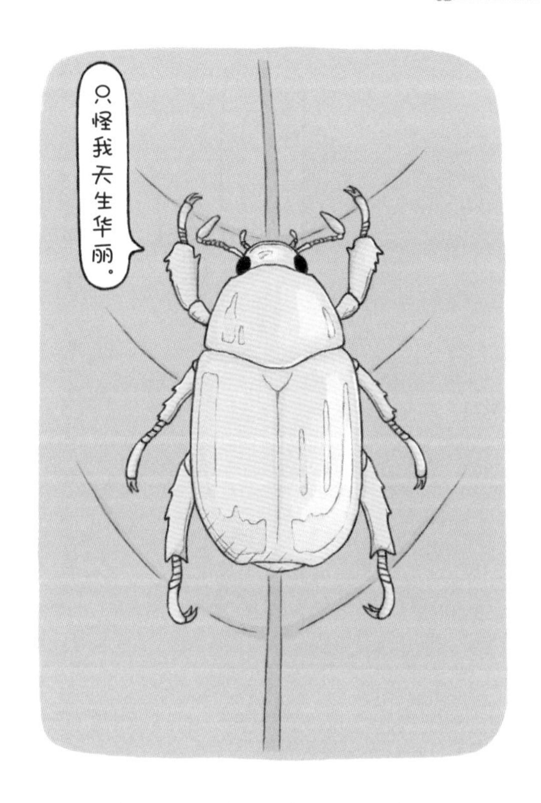

你见过光盘吗？过去，它是一种常用的存储工具。光盘的背面闪烁着彩虹般的颜色，**但这并不是光盘本身的颜色**。光盘表面有细小的凹凸，光线照在上面时会发生反射、折射、干扰等光学现象，呈现缤纷的色彩，这些色彩也被称为“结构色”，与色素无关。

宝石金龟甲身上也呈现出这种结构色。它们的**身体还能像镜子一样闪闪发亮**，甚至可以映出周围的景色，和环境融为一体，从而在天敌面前“隐身”。

正因为这般美丽，**它们也被誉为“森林宝石”**，被一些喜欢亮闪闪的物体的人觊觎（jìyú），不幸沦为收藏品。

生物名片

昆虫纲

- **中文名** 宝石金龟甲(生活在中南美洲、亮闪闪的甲虫的统称)
- **栖息地** 中南美洲的云雾林
- **大小** 体长约2.5厘米
- **特点** 夜行性昆虫

灯塔水母不老不死，却难逃被吃的命运

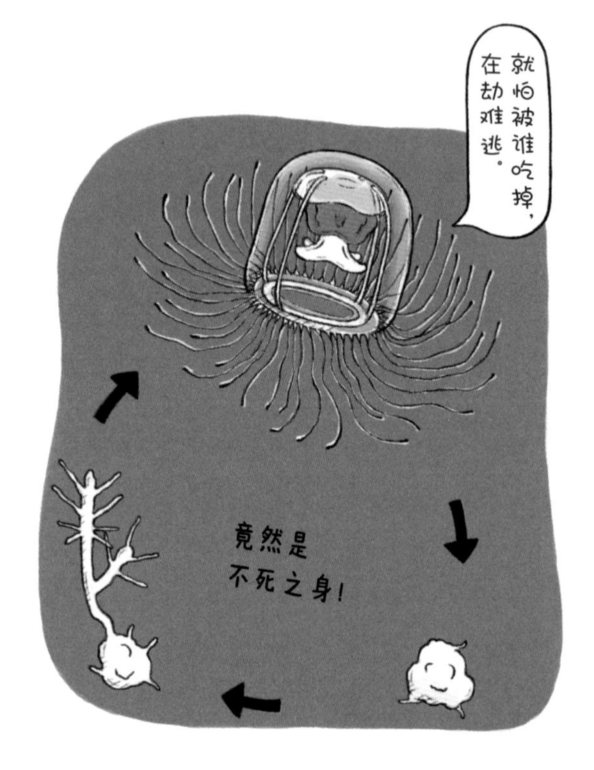

就怕被谁吃掉，
在劫难逃。
竟然是
不死之身！

灯塔水母是世界上**唯一可以返老还童的生物**。它们一旦感到有生命危险，或是遭遇饥饿、身体受伤时，就会转化成水球般的不定形胞囊，然后伸展出根一样的结构，变成水螅状态，附着在岩石上。之后，像植物的种子一般出芽，**这种芽再成长为新的水母**。

新生的水母基因和原来的水母完全一样，因此，可以说它们是**不老、不死**的。

虽然拥有让人艳羡的不老之身，但是灯塔水母体形太小，毒性又很弱，**难逃被海龟等海洋动物大口吃掉的命运**。

生物名片

水螅纲

- **中文名** 灯塔水母
- **栖息地** 广泛分布在温暖海域
- **大小** 全长约5毫米
- **特点** 用触手刺蜇的方式捕食浮游生物

Q 牛一天会流多少升口水？

➡答案见第42页

鹗以捕鱼为生，但有时会被大鱼拖下水

鹗是一种中型猛禽，是鹰形目鹗科鹗属的唯一物种。它们用尖锐的爪子和喙捕食猎物，**其中 99% 都是鱼类**。

鹗常常在沿岸海域或河流上方 30 米高处一圈圈盘旋，寻找靠近水面的鱼。

发现猎物后，它们会以极快的速度扎进水中，用尖锐的爪子穿透鱼的身体，将其抓回巢里吃掉。

偶尔，鹗盯上的鱼太大，它们的**爪子会深深陷入鱼的体内**。这种情况下，**一旦不能及时拔出爪子，鹗极有可能会被大鱼拖下水，最终溺水而亡**。

生物名片

鸟纲

- **中文名** 鹗
- **栖息地** 广泛分布在湖沼、河流和沿海地区
- **大小** 全长约59厘米
- **特点** 脚底有细密的尖刺，便于抓鱼

雨蛙不闭上眼睛，就无法吞咽食物

雨蛙用长长的舌头粘住虫子、送入口中，然后咕咚吞下。不过，**它们并不像人类那样用舌头将食物送到喉咙里。**

那它们是怎么吞食的呢？答案是用眼球。雨蛙眼睛一闭，**眼球就会陷入眼眶内，同时向口腔的方向挤压，从而将食物推到喉咙里面。**

原来，雨蛙的眼睛下方没有骨骼，眼球与口腔之间只隔着一层薄膜，因此才能拥有这样独特的技能。蛙类作为最早登陆的生物之一，没有进化出分隔口腔和鼻腔的那层“腭”来帮助它们咀嚼食物。

所以，雨蛙吃东西时闭上眼睛，**看似在享受美味，其实只是在努力吞咽食物。**

生物名片

两栖纲

- **中文名** 东北雨蛙
- **栖息地** 东亚的水塘、水田及附近的灌木丛
- **大小** 体长约3.4厘米
- **特点** 平常树栖，只在产卵期下水

A 第40页的答案➡180升（大约是一个人泡澡的用水量）。

新角鮟鱇的牙齿特别不齐

新角鮟鱇的牙齿个性十足：**几十根像吸管一样长长的牙齿**并没有长在嘴里，而是**从嘴周围龇出来**。牙齿生长的方向也是乱七八糟的，就像小朋友做手工时随便捏出来的一样。

这些牙齿不仅看起来吓人，**而且每根都能动**！不过，新角鮟鱇是怎样通过动牙齿捕到猎物的，还完全是个谜。我们甚至不清楚**这种细微的动作到底有没有意义**。

新角鮟鱇以虾和鱼类为食，不过**从它那大大的牙缝来看，这些猎物想从中逃脱似乎轻而易举**。

生物名片

硬骨鱼纲

■**中文名** 新角鮟鱇

■**栖息地** 太平洋、印度洋、大西洋的深海

■**大小** 全长约10厘米（雌性）

■**特点** 雄性个头远比雌性小，附着在雌性身上生活

噬人鲨超厉害，但总是输给磁铁

噬人鲨也叫大白鲨，吻部有一个性能超强的感受器，叫作“**洛仑兹壶腹**”。它们可以通过这种器官**感受到猎物移动时身体释放出的微弱电流**。因此，即使在光线昏暗的大海里，噬人鲨也能准确地判断出猎物的具体位置。

然而，这种感受器的灵敏度太高了，**一旦接近磁场，就会功能失常，派不上用场**。

噬人鲨虽然名字听起来凶残无比，却是个十足的胆小鬼，还有点儿好骗——只要戴上磁性腕带，它们就不会靠近了。

生物名片

软骨鱼纲

- **中文名** 噬人鲨
- **栖息地** 广泛分布在海洋中
- **大小** 全长约6.4米
- **特点** 偶尔会攻击人类，也被称为“白色死神”

Q 臭蜣螂的主要食物是什么？ ➡答案见第46页

海鹦经常发生意外事故

只看外表，海鹦很容易被认为是企鹅的亲戚，但实际上它们属于完全不同的类别。海鹦和扁嘴海雀是亲戚，它们同属于海雀科，而企鹅自成一科。除了繁殖期，海鹦平常都生活在大海上。它们**不仅擅长游泳，还能在空中飞翔**。

海鹦会潜入海里捕食鱼类、乌贼等。它们的喙和脸差不多大，边缘呈锯齿状，据说**一次可以叼回大约 30 条小鱼**。

它们在海里抓完鱼，往巢的方向华丽地飞翔，**却经常在落地的时候摔得很惨**，还经常撞到同伴，或者从悬崖上摔落……好不容易抓到的鱼，有时候就这样白白弄丢了，真是可惜。

生物名片

鸟纲

■**中文名** 北极海鹦

■**栖息地** 北大西洋的海面上

■**大小** 体长约26厘米

■**特点** 潜水深度可达60米

夜晚，猩猩会在树上**用树枝和树叶造床睡觉**。造床仅需要 3 分钟，不过它们相当奢侈，每晚都要造一张新床，**一生中会制作超过 1 万张床**。

小猩猩会观察并学习妈妈的造床方法，到 4 岁左右就能独立造床了。在猩猩的社会中，**学会造床象征着开始拥有独立生活的能力**。

但是，刚刚学会造床的猩猩，内心其实还是个小孩子。比如，**雷声大作的时候，小猩猩往往会害怕得无法独自入睡，要爬到妈妈的床上才能安心**。

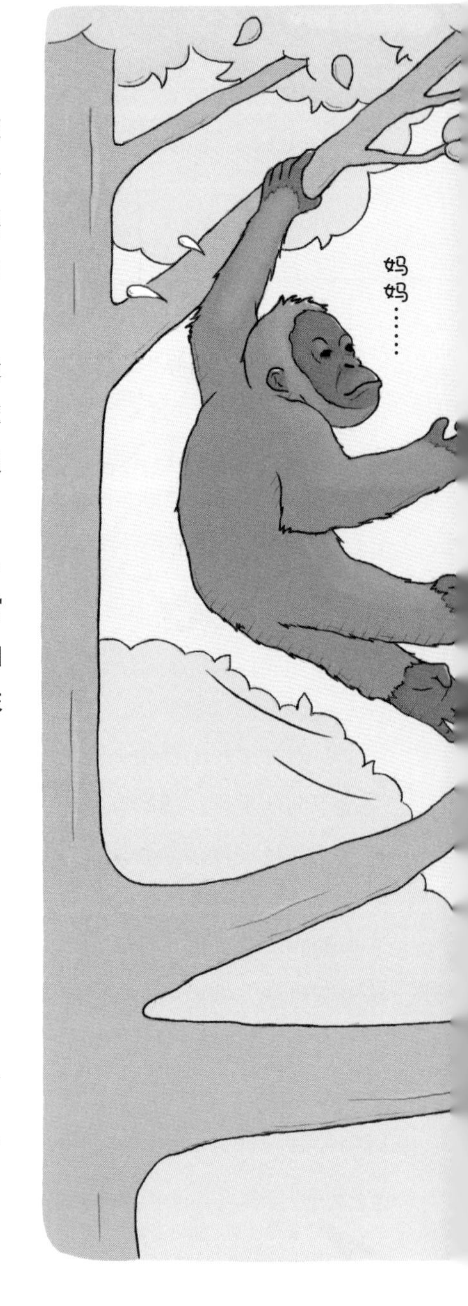

生物名片

哺乳纲

- **中文名** 婆罗洲猩猩
- **栖息地** 东南亚加里曼丹岛（古称婆罗洲）的森林
- **大　小** 体长约90厘米
- **特　点** 几乎从不下树到地面上活动

A 第44页的答案➡便便。

猩猩长大后还害怕打雷，会钻到妈妈的床上

橡树啄木鸟勤勤恳恳积攒橡子，但常常被松鼠偷走

橡树啄木鸟会在一棵树上啄出几百个洞，有时甚至啄出成千上万个，然后再**把收集的橡子一颗颗藏进洞里**，作为应急口粮。当冬天食物越来越少的时候，橡树啄木鸟就可以将它们取出来吃掉。

这些橡子可不是随便挖个树洞就放进去的，橡树啄木鸟要费不少工夫寻找合适的橡树，在上面啄出大小不一的洞，再将橡子一一嵌入其中，这样就不会轻易被别的小动物拿走了。

但是，这些努力往往也是白费——**藏在树洞里的橡子经常被松鼠偷走**。而且，橡子放久了会变干、体积缩小，当初啄好的洞就显得太大了，导致它们不得不把橡子转移到合适的洞里。

生物名片

鸟纲

- **中文名** 橡树啄木鸟
- **栖息地** 北美洲到中美洲的森林
- **大小** 全长约20厘米
- **特点** 几只组成小群体生活，共享地盘

Q 沙漠角蜥遇敌时的必杀技是什么？

➡答案见第56页

恐狼懂得运用战略，也会因失误而命丧黄泉

直到大约一万年前，地球上依然生活着恐狼这种体形较大的狼。它们以大型植食性动物为食，**会集体猎食野牛和马，甚至是猛犸象。**

当然，恐狼即便团队合作，和猛犸象这种强大的对手正面对决时，也做不到毫发无伤。于是，聪明的它们会利用一种能喷涌黏糊糊黑色沥青的池子，将猎物赶到这样的沥青坑里，**趁对方被粘住、无法动弹时再捕杀。**

有时行动“翻车”，恐狼捕猎队和猎物一起陷入泥泞，**被沥青淹没。**近年来，人们在沥青坑中累计发现了超过 4000 头恐狼的化石。

生物名片

哺乳纲

- **中文名** 恐狼（已灭绝）
- **栖息地** 北美洲的草原
- **大小** 体长约1.4米
- **特点** 相比捕猎，更多时候吃动物的尸体

驼峰大鹦嘴鱼
以珊瑚为主食，便便
呈白色沙粒状。
蓝鲸
喜欢吃橙红色的磷虾，
便便也是橙红色的。
橙红色的便便，
是不是很时髦呀？
请叫我
沙滩制造者。
如果比便便的大小，
我有信心拿第一名！
非洲草原象
吃大量的草和树
叶，一天能排出
100 千克便便。
100kg
拉便便也是有
讲究的！
半目大蚕蛾
便便的横截面呈
花朵形。

让人遗憾的便便大比拼

牛
体内死去的微生物会随食物残渣一起排泄出来，因此能排出进食量 2 倍的便便。
安第斯神鹫
以死去动物的肉为食，便便的气味比腐肉还臭几倍。
是我出现幻觉了吗？
显然是生化武器级别。

动物的便便各种各样，无奇不有：有的是大坨大坨的，有的是小小的颗粒，还有的奇形怪状、难以形容……了解便便，就能间接了解动物的生存方式。一起来见识一下那些奇特又有趣的便便吧，看看它们之间有什么不同！

哈喽，我是亚洲象。我们居住在亚洲的森林里，在这里走动时，体形太大很碍事，所以我们的个头比较小。我们的耳朵也不大，这是有讲究的。在森林里不会受到阳光直射，也就不需要非洲草原象那样的大耳朵啦！

亚洲象

1 大象们的身体为什么不一样

大家好！我是非洲草原象。我们生活在视野开阔的热带草原上，这里处处藏着食肉动物。为了保证进食量，我们需要长时间走动觅食，庞大的身体更有威慑力。我们的耳朵也很大，能在炎热的天气里帮助散热。长长的牙齿在和敌人战斗时很有用，而且挖起土来也很方便哟！

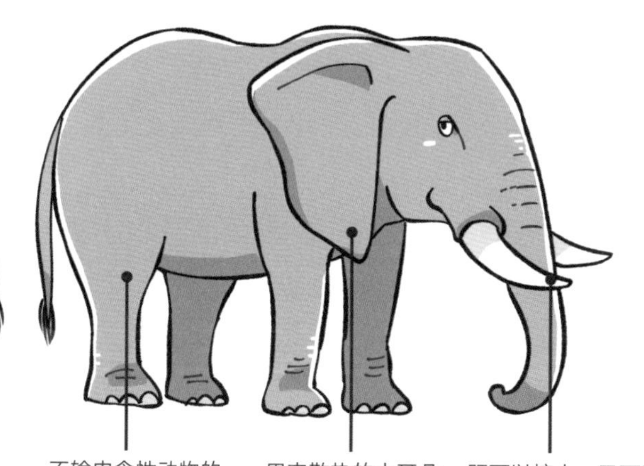

非洲草原象

第3章

让人遗憾的身体

生物的身体构造各有不同，

其中有一些让人百思不得其解：

“它们怎么会变成这副模样？”

翻页动画小剧场

当刺鲀（tún）

认真起来……

松果被松鼠吃干净后，样子很像炸虾

秋天在森林中散步，有时**会突然发现前方地面上竟然有只“炸虾”**，而且不止一只，密密麻麻的，可能有几十只。难道这么多炸虾都是从游客的便当盒里掉出来的？这些当然不是真正的炸虾，**而是松果，把它们变成炸虾形状的“罪魁祸首”就是松鼠**。

松鼠最喜欢吃松子。在松果表面的鳞片下，**藏着一颗颗营养丰富又美味的松子**。为了吃到松子，松鼠会用门牙把这些鳞片咔咔啃掉。于是，被吃光了松子的松果就摇身变成了一只“炸虾”。这样看来，松鼠不当厨师还真是可惜了啊！

生物名片

裸子植物门

- **中文名** 赤松
- **栖息地** 东亚的山地及平原
- **大小** 高约30米
- **特点** 根部会寄生松茸菌，长出好吃的松茸

A 第48页的答案➡从眼睛里喷出血。

怒江金丝猴一到下雨天，就不停打喷嚏

晴朗的春日，有不少人会因为花粉而不停打喷嚏。怒江金丝猴则是**一到下雨天，就不停地打喷嚏**。

这主要是它们独特的鼻子形状导致的。怒江金丝猴也被称为“狮子鼻猴”，正如其名，它们的**鼻子像舞狮一样朝上翻起**。一到下雨天，雨水就会毫无阻挡地流进鼻子里，导致它们一连打好多个喷嚏。**喷嚏声甚至会不小心将它们的栖身地暴露给可恶的偷猎者。**

因此，一旦下雨，怒江金丝猴就把头埋到膝盖间，默默等待雨停。

生物名片

哺乳纲

■**中文名** 怒江金丝猴
■**栖息地** 中国西南部及缅甸北部的山区森林
■**大小** 体长约56厘米
■**特点** 生活在树上，但会为了吃喜欢的竹笋而从树上下来

雌性艾草松鸡看雄性胸部来挑选结婚对象

胸部是人类女性的第二性征，男性如果直勾勾地盯着看，是很失礼的行为，甚至有性骚扰的嫌疑。

而鸟类中的艾草松鸡**会认真地观察异性的胸部，来决定结婚对象**。和人类相反的是，它们是**雌性盯着雄性的胸部看**。

每年 3 ~ 5 月，艾草松鸡会成群聚集在一起相亲。这时，雄性艾草松鸡会**高高鼓起颈部的两个黄色“气囊”（发声囊）展示自己，以博得雌性的好感**。

雌性会根据雄性气囊的大小和颜色，以及它们**鼓起颈部时发出的砰砰声**，来选择体格最强壮、身姿最吸引人的理想伴侣。

生物名片

鸟纲

■**中文名** 艾草松鸡
■**栖息地** 北美洲的平原
■**大小** 全长约80厘米（雄性）
■**特点** 从蛋里孵化后，只需1周就能短距离滑翔

Q 小龙虾从哪里排出小便？

➡答案见第60页

刺鲀号称有“千根刺”，其实刺的数量还不到一半

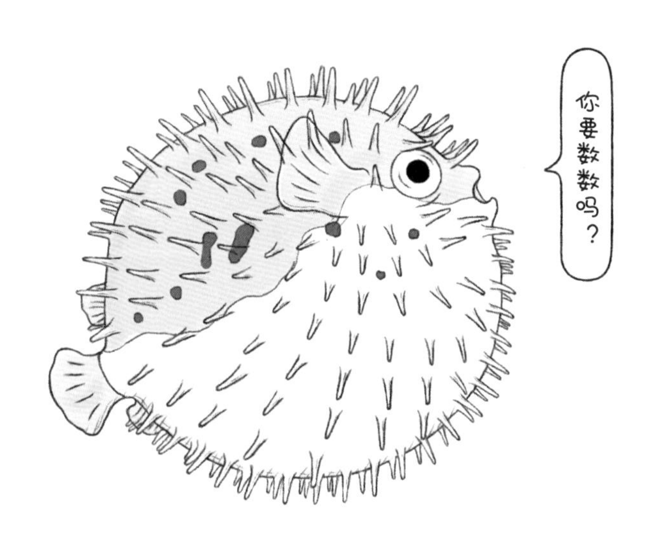

刺鲀一旦感觉到危险，就会浑身竖起尖刺，进入应敌状态。**这些刺是由鳞片变形而成的**，平时贴在身上，当刺鲀吸入水或空气，使身体膨胀时，这些尖刺就会噌地竖起来。

刺鲀在日本也被称作“千根刺”，但它们真的有1000根刺吗？**有人统计了1000只刺鲀的尖刺数量**，结果发现，尖刺最多的有492根，最少的仅314根，**平均下来每只刺鲀有369根刺。**

也就是说，刺鲀其实应该叫“**不到四百根刺**”，但这个称呼实在太拗口了，还是叫“千根刺”更顺耳，也更威风嘛！

生物名片

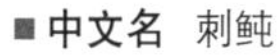

硬骨鱼纲

■**中文名** 刺鲀
■**栖息地** 热带到温带的沿岸浅海
■**大小** 全长约30厘米
■**特点** 牙齿坚固，能咬碎贝类、甲壳类等动物并吃掉

副栉龙的冠饰很漂亮，但里面空空如也

副栉龙是白垩纪晚期生活在北美大陆的一种恐龙。它们头顶上大大的冠饰十分引人注目，看起来像是什么强有力的武器，但其实是中空的。

研究推测，副栉龙从鼻孔吸入空气，**空气会进入中空的冠饰，产生像喇叭一样的声音**。也许它们就是通过冠饰发出响亮的声音，来和远处的同伴互相交流的。

刚发现副栉龙化石的时候，有人猜测它们的冠饰**可能很像忍者潜水时用的呼吸管**，听起来是不是很酷？然而冠饰的末端并没有小孔，无法和外界进行空气交换，这种说法也就被否定了。

生物名片

爬行纲

- **中文名** 副栉龙（已灭绝）
- **栖息地** 北美洲
- **大小** 全长约12米
- **特点** 目前考古发现的数量很少

A 第58页的答案➡脸部。

安第斯动冠伞鸟经常被误以为是『不良少年』

有些雄性动物为了吸引雌性，或震慑天敌、对手，会做出夸张的行为，以及让自己显得壮硕的动作，这在动物学上称为“**展示行为**”。

生活在南美高山地带的安第斯动冠伞鸟，就是其中的典型代表。雄鸟的上半身“染”成鲜艳的橘色，**冠羽高高隆起，就像梳着飞机头**。它们还会聚集在一起跳舞、唱歌，向雌鸟展示自己的魅力。

这副模样简直就像日本昭和时代的不良少年。那时，他们梳起高高的发型，显示自己的标新立异，**看来也是颇有动物学依据的**。

生物名片

鸟纲

- **中文名** 安第斯动冠伞鸟
- **栖息地** 中南美洲的森林
- **大小** 全长约32厘米
- **特点** 雄性会聚集到特定的求偶场向雌性求偶

环尾狐猴**很不擅长调节体温**。它们特别怕冷，早上必须沐浴在充足的阳光中，以驱散夜晚的寒气，身体变暖后才会开始各种活动。

因此，一到早上，它们就会**立刻聚集到向阳处“膜拜”太阳**。在耀眼的金色光芒中，环尾狐猴们静静地闭上眼睛，张开双臂，颇有几分包容万物的慈悲姿态。但真相是它们胸部和腹部的血管较多，这种姿势**可以让身体多接受光照，尽快暖和起来**。

如果身体迟迟没有暖和起来，它们就会将毛茸茸的长尾巴像戴围巾一样卷在脖子上，帮助身体保暖御寒。

生物名片

哺乳纲

- **中文名** 环尾狐猴
- **栖息地** 非洲马达加斯加岛的丛林
- **大　小** 体长约40厘米
- **特　点** 雄性腕部内侧腺体会分泌有特殊气味的液体，来标记地盘

Q 抹香鲸的脑袋里有什么东西？ ➡答案见第64页

环尾狐猴的一天从膜拜太阳开始

雄性蜜袋貂身体的 1/3 都是睾丸

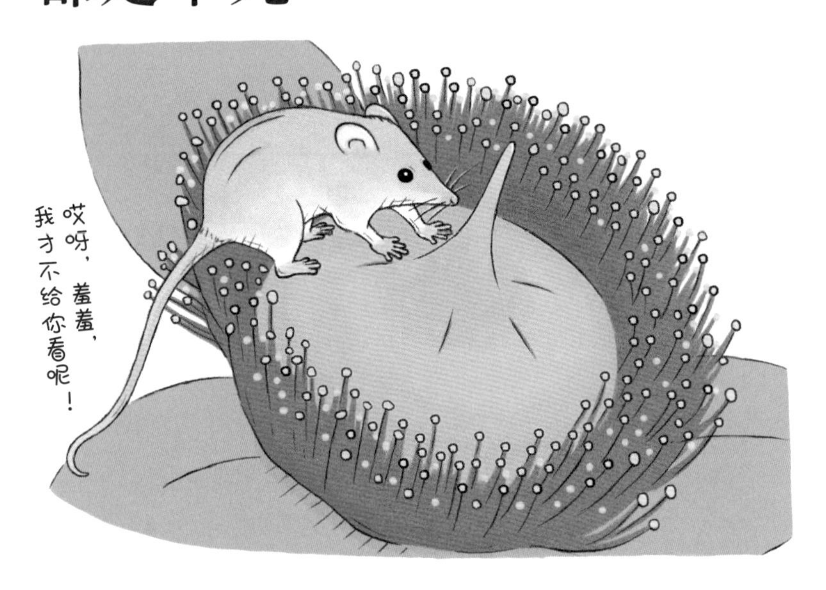

蜜袋貂**只吃花蜜**。不知道是不是太偏食的缘故，它们体长不到10厘米，体重不足20克。刚生下来的蜜袋貂**宝宝更是不到5毫克，重量还不及一块钱硬币的1/1000**。

不过，它们身上有一样器官却非常大，那就是**雄性的睾（gāo）丸**。雄性蜜袋貂的睾丸约有3厘米长，占了身体长度的1/3。**换作是人类，相当于睾丸比西瓜还大**。

这样的身体构造想必是为了产生更多活力充沛的精子，有利于繁衍后代。即便如此，还是让人忍不住感叹，这未免也太大了点儿吧！

生物名片

哺乳纲

■**中文名** 长吻袋貂
■**栖息地** 澳大利亚西南部的森林、灌木丛
■**大小** 体长约8厘米
■**特点** 有袋动物，雌性在腹部的育儿袋中养育宝宝

A 第62页的答案➡呃，全是油。

怪诞虫的身体结构一直都被人类看反了

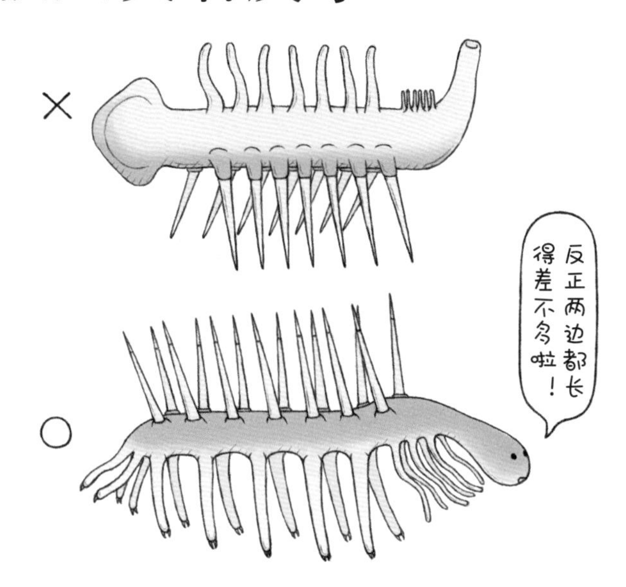

大约 5 亿年前，海洋中孕育出了今天被统称为“布尔吉斯动物群”的生物，形状千奇百怪。其中有一种叫怪诞虫，**拉丁学名的意思是“离奇的白日梦”**。正如其名，它们曾让古生物学者产生了很多错觉。

怪诞虫最早的复原图发表于 1977 年，**科学家们错把它们背部的硬刺当成了足**。而当时被当作头部的部位，实际上是它们被泥沙掩埋、身体被压碎时，从**屁股里冒出来的液体、内脏等东西**。

虽然身体的上下、前后都被人类搞错了，但怪诞虫早已灭绝，想必对它们来说也无所谓了吧。

生物名片

?
未知

- **中文名** 怪诞虫(已灭绝)
- **栖息地** 广泛分布在海洋中
- **大小** 体长约3厘米
- **特点** 据说会聚集在一起，吃大型动物的尸体

雄性鲫鱼到了青春期会长痘痘

青春期的男生女生常常因为长痘痘烦恼，其实，鲫鱼也会长痘痘。进入繁殖期后，它们的鳃盖边缘和胸鳍上会**冒出许多硬硬的白色小疙瘩**。

这些小疙瘩叫作“追星”，只有雄性鲫鱼才会长。除它们以外，鲤鱼、鳑鲏（pángpí）等其他几类鱼也会长这种小疙瘩。长出追星的雄鱼会热情地追逐怀卵的雌鱼，一起繁衍后代。

有的鲫鱼还把追星用作打败对手的武器，它们会碰撞其他雄鱼的身体，**用削皮器一般的追星弄伤对方的皮肤**。这“青春痘”有点儿凶猛啊！

生物名片

硬骨鱼纲

- **中文名** 鲫鱼
- **栖息地** 世界各地广泛饲养
- **大小** 全长约30厘米
- **特点** 14～16世纪从中国传入日本

Q 雄性翠猴的睾丸是什么颜色？ ➡答案见第68页

金鱼草枯萎后会变成骷髅头的样子

每到盛夏和初秋时节，金鱼草就会绽放出饱满可爱的花朵，形状很**像伸展着鱼鳍、摇曳着尾巴的金鱼**，它们也因此得名。

然而，一旦花朵凋谢，金鱼草的外表就会发生巨大的变化，**一个个小“骷髅头”逐渐显露了出来。**

这些骷髅头的真实身份是豆荚，里面包裹着种子。花朵枯萎后，圆鼓鼓的褐色豆荚上会打开三个洞，看上去和骷髅头上的两只眼睛、一张嘴巴一模一样。

古人曾认为金鱼草具有超现实的灵力，吃掉它就能永葆青春美貌。但看着这副模样，**吃下它恐怕只会担心未来被诅咒吧！**

生物名片

被子植物门

■**中文名** 金鱼草
■**栖息地** 原产于地中海沿岸，世界各地广泛栽培
■**大小** 株高约60厘米
■**特点** 花色丰富，有红色、粉色、白色等

丹顶鹤红红的头顶其实光秃秃的

丹顶鹤身姿优美，清新脱俗，寿命可达60年，因此也叫仙鹤。在中国和日本，它们自古就被视为吉祥、高雅的象征。

“丹”是红色的意思，正如其名，丹顶鹤的头顶呈红色。然而这里并没有长羽毛，而是裸露的皮肤。换句话说，丹顶鹤是秃顶。它们的头顶之所以呈红色，主要是因为**皮肤太薄，透出了皮下血管的颜色**。而且，上面还长了数百个小肉瘤。

如果把丹顶鹤比作人类，它们**一定是剃着月代头（头顶中前部头发剃光，形成半月形）的日本武士**。不过即便是秃顶，丹顶鹤的优雅气质也丝毫不减。

生物名片

鸟纲

- **中文名** 丹顶鹤
- **栖息地** 中国、日本的沼泽地带
- **大小** 全长约1.4米
- **特点** 一夫一妻制，一旦结对，就会相伴一生

A 第66页的答案➡亮蓝色。

加拉帕戈斯象龟翻身后就翻不回来了

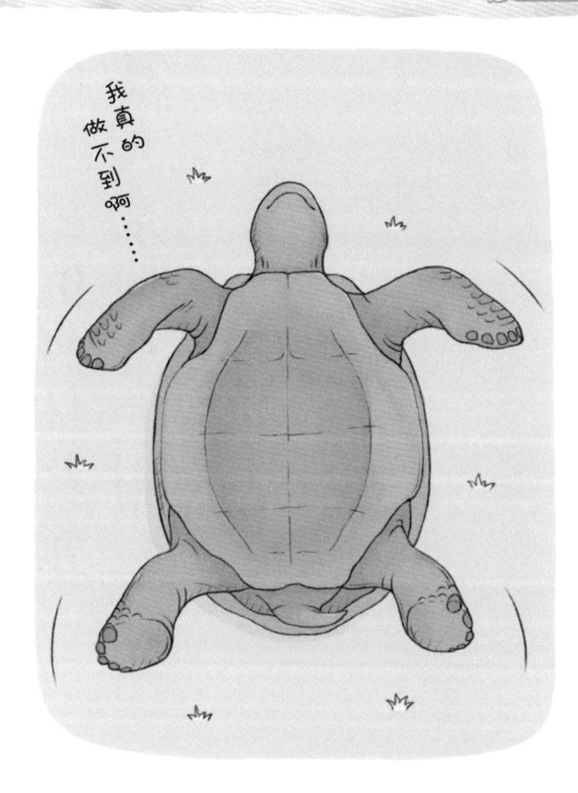

加拉帕戈斯象龟是世界上最大的陆龟，不论哪方面都是重量级的。它们体重可达 300 千克，平均寿命超过 100 岁。而且，身体能储存大量的水分，**即使不吃不喝，最长也可以活一年**。

然而，**一旦被翻过来、肚皮朝上**，加拉帕戈斯象龟**就只有死路一条**。其他龟类可以伸长脖子，用头顶着地面翻回来，但它们背部太高，脑袋够不着地面，也就无法靠自己的力量翻身。

不过，加拉帕戈斯象龟的甲壳分为圆背型和鞍背型两种。如果是圆背型，**像摇篮一样左右摇摆几下，四肢还是有可能够到地面、借力翻回来的**。

生物名片

爬行纲

- **中文名** 加拉帕戈斯象龟
- **栖息地** 南美洲加拉帕戈斯群岛的草原、森林
- **大小** 甲壳宽约1米
- **特点** 以草、树叶、仙人掌等为食，每天要睡16个小时左右

纽鳃樽的身体经常被大家随意使用

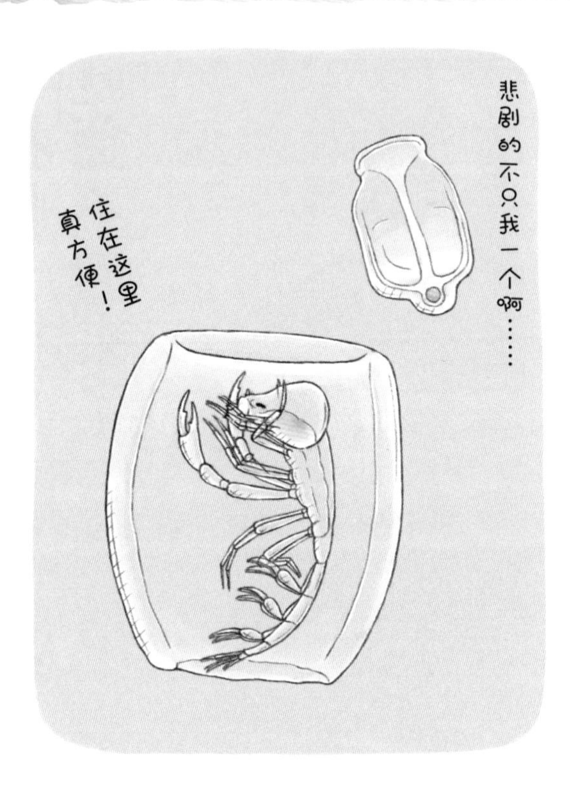

悲剧的不只我一个啊……
住在这里真方便！

纽鳃樽是一种有着透明果冻般身体的海洋生物，它们形似中国古代的一种盛酒器具——樽，总是晃晃悠悠地漂浮在海里。

这样的身体结构让纽鳃樽只需要花很少的力气就能在海中自在浮游。问题是，这么特别的身体方便了自己，**更方便了其他生物**。

比如，定居慎蛾[①]**会吃掉纽鳃樽的内脏器官，然后在里面安家**。秋刀鱼会把它们当作藏卵的地方，小型章鱼还会把它们当衣服穿。**被各种生物灵活利用的纽鳃樽，简直就是海里的“万金油”！**

①一种大型浮游生物，图为钻到纽鳃樽体内的个体。

生物名片

樽海鞘纲

- **中文名** 纽鳃樽
- **栖息地** 广泛分布在海洋中
- **大小** 全长约5厘米
- **特点** 会通过伸缩身体、吞吐海水来移动

Q 水豚一被怎样，就会睡着？

➡答案见第72页

雄性凤尾绿咬鹃尾巴露在巢外，很容易被天敌发现

凤尾绿咬鹃被认为是**世界上最美的鸟之一**，其美丽的关键就在于雄鸟那两根长长的尾上覆羽。它们闪烁着祖母绿般的光泽，是雄鸟求偶的“必杀器”。**雄鸟的尾上覆羽越长、越华丽，就越受雌鸟欢迎。**

然而，美丽是有代价的——**这两根羽毛越长，就越容易露出巢外，被天敌发现**。有绝美的尾上覆羽加持，雄性凤尾绿咬鹃往往能轻松俘获雌鸟的心，两口子一起繁衍后代。但与此同时，它们也因为外表太惹眼，更容易被天敌鹰和鹫盯上。

看雄鸟钻进巢里的样子，真是顾头不顾尾啊！

生物名片

鸟纲

- **中文名** 凤尾绿咬鹃
- **栖息地** 中美洲的热带雨林（云雾林）
- **大小** 全长约38厘米（除尾上覆羽）
- **特点** 会用喙挖空腐朽的树干筑巢

圆圆的球藻长大后，会变得七零八落

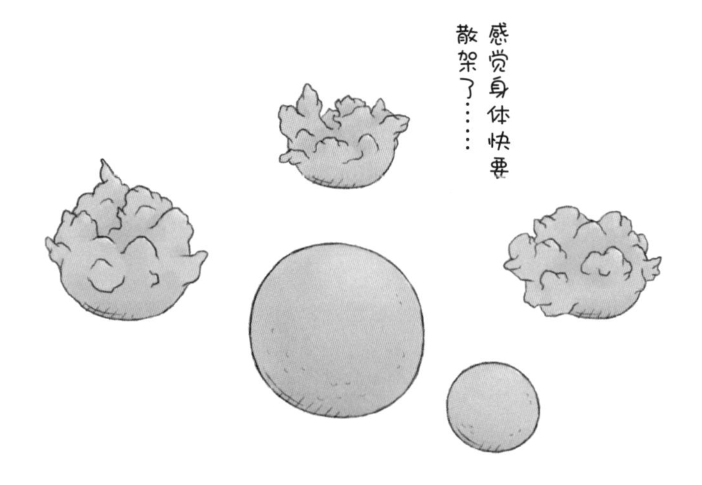

球藻看上去就像一个个绿色的球，但它们的**真面目是一种细细的、丝线一样的藻类**。我们通常看到的球状球藻，其实是由无数根丝线状个体像毛线团一样聚集而成的集合体。

在日本北海道的阿寒湖和冰岛的米湖等地，生长着许多球形的球藻。不过，**作为纪念品出售的球形球藻，都是人们用手搓圆的。**

它们**需要 150 ~ 200 年才能形成棒球大小的球体**。长大到一定程度后，球藻内部会产生空隙，从外侧开始逐渐散开，最终**变回一开始的“碎线头儿”模样**。

生物名片

绿藻门

- **中文名** 球藻
- **栖息地** 北半球高纬度地区的少数几个湖底
- **大小** 直径约20厘米
- **特点** 附着在水中的岩石上生活

A 第70页的答案➡揉屁股。

海象的皮肤很敏感，身体颜色会随温度变化

海象有着大象一般庞大的身体和气派的长牙，最大体长可达 4 米多，体重接近 2000 千克，**和汽车差不多重**。虽然有着魁梧的身躯，但海象其实是“敏感性皮肤”——**体色会随温度的变化而改变**。

海象体色的改变主要是因为血液流动的变化。它们会根据温度变化来调节血管的粗细，控制血液流速。进入寒冷的海里时，血管会收缩，减少血液流动，防止热量散失；晒日光浴时，体温会升高，血管受热膨胀，血液流速加快。

平常，海象的皮肤呈棕黄色或棕灰色，当**它们进入冷水中时身体会变成灰白色，被太阳照晒则会变成红色**，简直太像红绿灯啦！

生物名片

哺乳纲

■ **中文名** 海象
■ **栖息地** 北冰洋周围海域的冰面或岸上
■ **大小** 体长约3米
■ **特点** 雄性牙齿越大，越受雌性欢迎

猫头鹰明明是“大长腿”，却总被误以为是小短腿

在希腊神话中，猫头鹰是智慧与艺术女神雅典娜的使者，也被誉为“森林贤者”。**它们的夜视能力是人类的100倍以上**，在夜里也能准确发现猎物的位置。猫头鹰善于藏身在黑暗中，轻轻扇动翅膀，**悄无声息地靠近猎物、迅速捕食**。

它们之所以能够静音飞行，多亏了那对比身体还大、有特殊结构的翅膀，以及**覆满腿部和脚趾的羽毛**。只需拍拍翅膀，就能嗖的一下飞起来。

不过，由于整个身体都藏在羽毛下面，**猫头鹰的腿显得特别短**。如果把腿上的羽毛撩上去，大长腿就一览无余了。

生物名片

鸟纲

- **中文名** 长尾林鸮
- **栖息地** 广泛分布于亚欧大陆的林地
- **大小** 全长约50厘米
- **特点** 两耳的高度和方向稍有差异

Q 雄孔雀蜘蛛如果不擅长跳舞，会被雌性怎样对待？ ➡答案见第76页

牡蛎的性别由个头大小决定

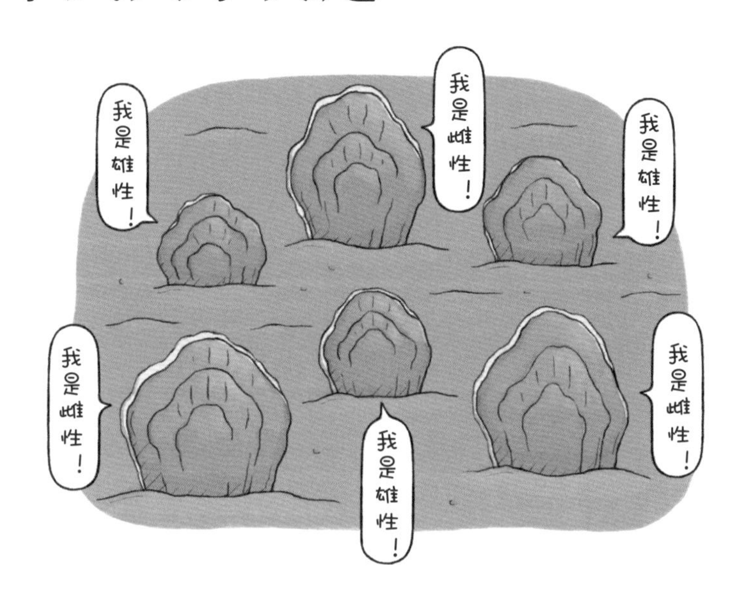

牡蛎是一种常见的海鲜，煎炒、油炸、清蒸、下火锅都很美味。

它们从卵中孵化出来后，会在海中漂游一个月左右，再附着到礁岩等物体上。这时的牡蛎还不分性别。大约一年后，这些牡蛎成年，到繁殖季节来临时，**其中约七成会变成雄性**。再过一年，又到繁殖季节时，**这些雄性大部分会转变成雌性**。同时，雌性也会转化为雄性，总之性别很不稳定，会因为各种原因而改变。

牡蛎之所以会变性，是因为体形越大，营养越充足，产下的卵也越多。因此，体形较小的时候做雄性，变大了再转成雌性。

而繁殖结束后，性别对牡蛎来说似乎也没那么重要了。

生物名片

双壳纲

- **中文名** 长牡蛎
- **栖息地** 亚洲太平洋沿岸
- **大小** 壳的直径约10厘米
- **特点** 营养丰富，被誉为“海洋牛奶”

缩头水虱会变成鱼的舌头

有一天，**自己的舌头突然被奇怪的生物吃掉，那家伙还代替了舌头**——这种恐怖漫画里才有的情节，竟会真实地发生在鱼的身上。

罪魁祸首就是缩头水虱。它们乍看像是白色的卷甲虫，其实是鱼类的寄生虫。它们会从鳃部的缝隙钻入鱼类嘴中，**不断吸食寄主舌头的血液，直到舌头萎缩消失**。之后，缩头水虱会把自己的身体牢牢固定在受害鱼的舌根上，**通过吸食鱼的体液和血液成长**。

如此可怕的缩头水虱，竟然是可食用的！据说味道和虾差不多。当然，即使被吃进肚子里，它们也不会在人体内寄生，这一点食客大可放心。

生物名片

软甲纲

- **中文名** 缩头水虱
- **栖息地** 广泛分布在深海中
- **大小** 全长约1.8厘米
- **特点** 幼时雌雄同体

A 第74页的答案➡吃掉。

七彩文鸟的雏鸟 嘴巴很像外星人

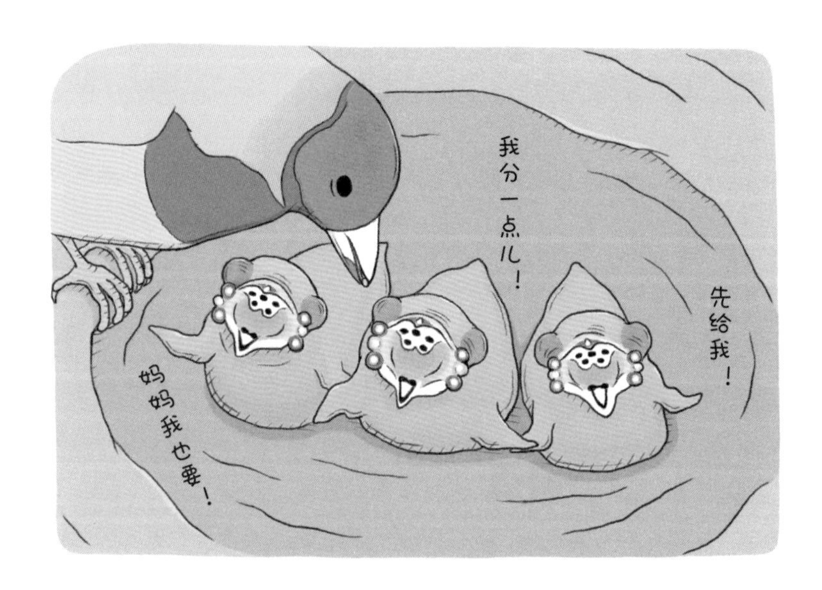

七彩文鸟成年后身上有七种颜色的羽毛，但它们在雏鸟时通体棕色，看上去格外朴素，**只有嘴巴是五彩斑斓的**。

七彩文鸟的雏鸟，嘴边长有4个青白色的小球，叫作“乳突”。当嘴巴张大一点儿时，可以看到里面有黑白相间的斑点状花纹。这些**乳突在黑暗中会发光**，如果从正面看向张嘴的雏鸟，就**仿佛看到一个小小的外星人正用4只眼睛狠狠地瞪着你**。

雏鸟之所以会长出发光的乳突，是为了让爸爸妈妈在昏暗的环境中也能找到它们的嘴巴，及时、准确地投喂。当雏鸟长大后，乳突就消失了。

生物名片

鸟纲

■**中文名** 七彩文鸟
■**栖息地** 澳大利亚北部的草原、森林
■**大小** 全长约13厘米
■**特点** 头部羽色艳丽，常见的有红、黑、黄三色

雌性秦岭羚牛身上又黏又臭

羚牛与大熊猫、金丝猴并称为**中国高山林区的三大珍稀动物**。它们虽然外表看上去很像牛，但其实和羊的关系更近，属于羊亚科羚羊属。只要靠近它们，就能立刻发现羚牛的最大特点——**浑身奇臭无比**。

雌性羚牛浑身上下布满了臭腺，会分泌出黏糊糊、臭烘烘的油脂。一身漂亮的**金色毛发也因此被染成了棕色，还粘在一起**。

不过在下雨天，油脂能够防止雨水打湿它们的毛发，帮助它们保持体温。这样看来，它们的臭腺还是有一定可取之处的。**只是大家在动物园近距离观察它们的时候，一定要做好心理准备哟！**

生物名片

哺乳纲

- **中文名** 秦岭羚牛
- **栖息地** 中国西南部的山地森林
- **大小** 体长约1.8米
- **特点** 温顺老实，遇到危险时会迅速爬上高处

Q 鬣狗的便便是什么颜色的？

➡答案见第80页

钩鱼爸爸在额头上育儿

最近，主动带娃的奶爸越来越常见了，不过，要论“最强奶爸”，谁也比不过钩鱼。

雄性钩鱼**额头上有一个钩状突起**，它的作用令人百思不得其解。其实，这个突起的主要**作用是钩住雌鱼产下的卵块。为了防止这些卵被其他鱼类吃掉**，雄鱼会将卵块钩在额头上，一刻不离地守护着它们，直到孵化为止。

雄性钩鱼是非常认真出色的爸爸，只不过头顶卵块，**怎么看都像梳着个性十足的爆炸头**。

生物名片

硬骨鱼纲

- **中文名** 钩鱼
- **栖息地** 澳大利亚北部和新几内亚南部的河口
- **大小** 全长约60厘米
- **特点** 生活在浑浊的泥水中

雄性冲绳磨塘鳢在求偶过程中，容易过早放弃

狮子、大猩猩、海狗……许多雄性动物为了成为族群里最强的雄性，都会拼尽全力去战斗。因为大多数情况下，**只有获胜的雄性才能赢得雌性青睐，拥有自己的后代。**

不过，有些雄性冲绳磨塘鳢（lǐ）为了留下自己的后代，采用了截然不同的方法。它们一旦遇到比自己个头大的雄性，**就想着"打不过打不过"，立刻放弃抵抗，转而变成雌性。**性别转换的过程很快，只需要5天。

就这样，鱼群里个头最大的雄鱼身边，**往往会聚集着许多条曾经是雄鱼的雌鱼，它们可以和雄鱼交配、产卵，留下属于自己的后代。**

生物名片

硬骨鱼纲

■**中文名** 冲绳磨塘鳢
■**栖息地** 西太平洋海域
■**大小** 全长约2.5厘米
■**特点** 喜欢躲在珊瑚的阴影下，肚皮朝上待着

A 第78页的答案➡白色。

象兜虫的变秃速度快得令人震惊

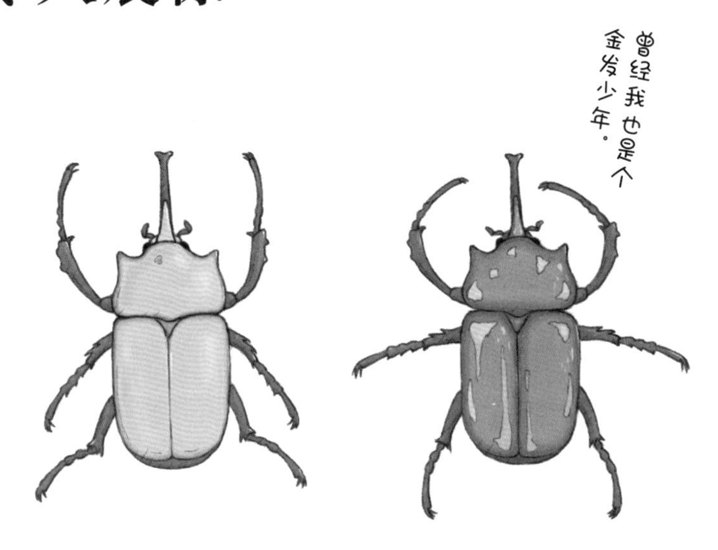

象兜虫生活在中南美洲，是一类体形巨大的甲虫。其中有一种毛象大兜虫，最长可达 13 厘米，**比很多成年人的手掌还大，是地球上最大的甲虫**。

毛象大兜虫的**成虫全身长满了金黄色的短绒毛**，金光闪闪，和“甲虫之王”的称号很相配。但是，它们**很容易变秃**。随着时间流逝，加上日常的摩擦和磨损，绒毛会逐渐脱落，并且无法长出新的绒毛。

不过，与人类的秃头截然不同，象兜虫的金黄色绒毛生长在黑色的甲壳上，因此它们**越秃，看上去就越黑亮**——想必有秃头烦恼的大叔们很羡慕吧。

生物名片

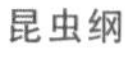

昆虫纲

- **中文名** 毛象大兜虫
- **栖息地** 中南美洲的森林
- **大小** 全长约9厘米
- **特点** 幼虫的体重在甲虫里首屈一指

白车轴草只有一片叶子

三叶草，
四叶草，
五叶草……
虽然大家这么叫，
但我们其实
都是一叶草。

白车轴草也叫三叶草，传说找到四叶草的人会得到幸福，但是从生物学的角度来看，它们不管看上去是三叶还是四叶，其实**都只有一片叶子（复叶）**。那几片看似独立的叶子叫作“小叶”，是由一片复叶裂开形成的。

白车轴草一般只有三片小叶，但如果基因突变或是在小时候遭遇意外，可能长出第四片小叶。比如叶片发育过程中被踩过或是被球砸伤，使得本来应该裂成三片的复叶裂成了四片，因此变成了四叶草。

吉尼斯世界纪录记载了一株 56 片小叶的白车轴草，让人不由得心疼：如果不是基因突变，**它究竟经历了什么才会变成这副样子呀！**

生物名片

被子植物门

- **中文名** 白车轴草
- **栖息地** 广泛分布在世界各地
- **大小** 株高约15厘米
- **特点** 豆科植物，花落后会结出豆子

Q 头骨像石头一样隆起的肿头龙，如果使出全力顶头撞击的话会怎么样？➡答案见第90页

日本菊石的壳长得很像一坨便便

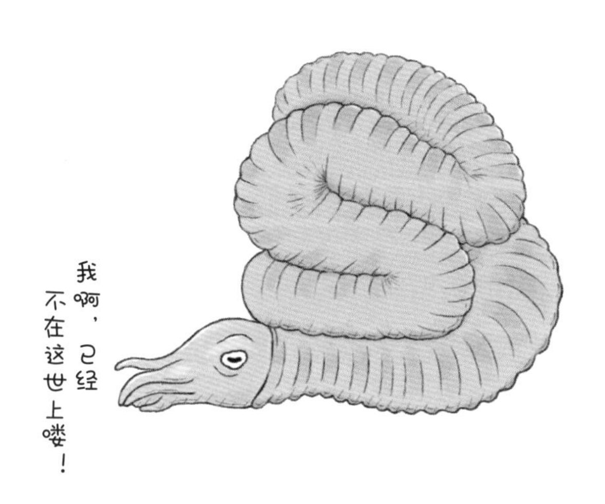

菊石大部分生活在约 2.25 亿年前的中生代，日本菊石是生活在晚白垩纪的一种菊石。菊石大都拥有美丽的螺旋形外壳，但日本菊石的**外壳却卷得乱七八糟、歪歪扭扭**。

之所以长成这种形状，可能是因为它们**不想太惹眼**。科学家推测，日本菊石的壳长到一定程度时，为了不继续向外侧生长，以免显得更大，会改为向左右弯曲伸展，让自己看起来尽量小一点儿。

结果是，历经漫长的地质变迁之后，它们成了人们眼中**"像便便一样的化石"**，甚至因此而备受关注。

生物名片

头足纲

- **中文名** 日本菊石（已灭绝）
- **栖息地** 分布在日本列岛到俄罗斯堪察加半岛的沿岸浅海
- **大小** 壳直径约2厘米
- **特点** 在海中浮游生活

什么？！我和人类走路的速度差不多？
超龙
体形巨大，过于笨重，行动缓慢。
可惜每次只能跑500米……
猎豹
时速高达110千米，是陆地上速度最快的动物。
蜗牛
只能慢吞吞地前进。
我走50米需要1个小时。
速度快有什么了不起！
加拉帕戈斯象龟
身体笨重，动作缓慢，只能达到人类慢悠悠散步的速度。

让人遗憾的速度大比拼

动物们经常会奔跑：有的是为了捕食，有的是为了躲避其他动物的捕食……它们的奔跑速度有快有慢，接下来就比比看谁跑得更快吧！

除了产卵和喂宝宝，
我平常是不落地的。

白喉针尾雨燕

水平飞行最快的鸟类，时速高达 170 千米。

一直没告诉大家，
其实我不太擅长跑步。

鸵鸟

跑得最快的鸟类，时速约 70 千米。

如果能飞起来的话，
可能会更快些……

霸王龙

体形庞大，但是跑步时速只有 27 千米，比很多人跑得都慢。

帝企鹅

在水中游泳时速能达到 30 千米，但在陆地上行进速度却很慢，时速只有 2 千米。

我在水里很快的……
只能说陆地不是我的舞台。

熊类伙伴们分布在世界各地，各自适应着当地的环境。

肉就是一切

生活在不同的地方，获取的食物也不同。但北极熊一直是坚定的肉食主义者。

亚洲黑熊作为杂食动物，靠吃果实、昆虫等多种动植物为生。

真好吃！

然而，大熊猫——

只有竹子可以吃。

竹子不太好消化啊……

我是大熊猫。我们的祖先和其他熊类伙伴一样，生活在平地上，吃树上的果实和小动物。但为了减少竞争，避免和其他大型动物争夺食物，我们的先辈转移到了高山深谷生活，在那里，只有竹子能吃了。

习惯了吃没什么营养的竹子和竹叶。

大熊猫

2 熊类伙伴们的食物不一样

我是亚洲黑熊，生活在资源丰富的森林里。我们的食物主要是树上的果实，也会吃各种各样的虫子，偶尔还会吃些甲虫。

嗨，我是北极熊，生活在北极圈的寒冷地带。我们会捕捉那些趴在浮冰上的海豹吃！但在浮冰减少的夏天，我们很难捕到海豹，好在即使几个月不吃东西，我们也能活下去。

亚洲黑熊
莓果
甲虫
橡子
我们吃在森林里随处可得的果实和昆虫。

听上去有点儿凶残，但我们确实吃海豹！
北极熊

第4章 让人遗憾的生活方式

大家的生活方式五花八门，
但有些生物还是让人忍不住担忧：
“为什么非要选择这么费劲的活法呢？”

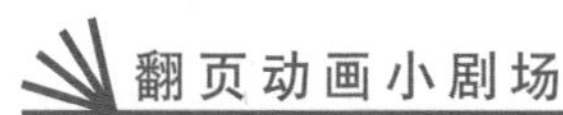

袋鼠妈妈和小袋鼠
一起快乐地散步……

人类男性向女性求婚时，通常会送上钻石戒指。而雄性阿德利企鹅送给雌企鹅的却是**不知道从哪儿捡的石头**。也许你会想：“区区小石子儿怎么能表达爱意呢？”但对它们来说，石头可是比钻石还重要的东西。

10 月是南极的初夏，每到这个时节，阿德利企鹅就会聚在一起，雄企鹅会**把小石块高高地垒在一起，筑成巢供雌企鹅产卵**。如果垒的石头不够密实，无法很好地隔绝地面，巢里的卵就可能会被融雪打湿，无法孵化。

因此，这些**当了爸爸妈妈的阿德利企鹅，时常会去偷别人家的石头，为自家“添砖加瓦”**。

生物名片

鸟纲

- **中文名** 阿德利企鹅
- **栖息地** 南极周围的海岸
- **大　小** 全长约75厘米
- **特　点** 卵和幼崽常被南极贼鸥等鸟类盯上

A 第82页的答案➡会死掉。

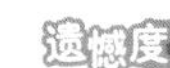

阿德利企鹅整天围着石头转

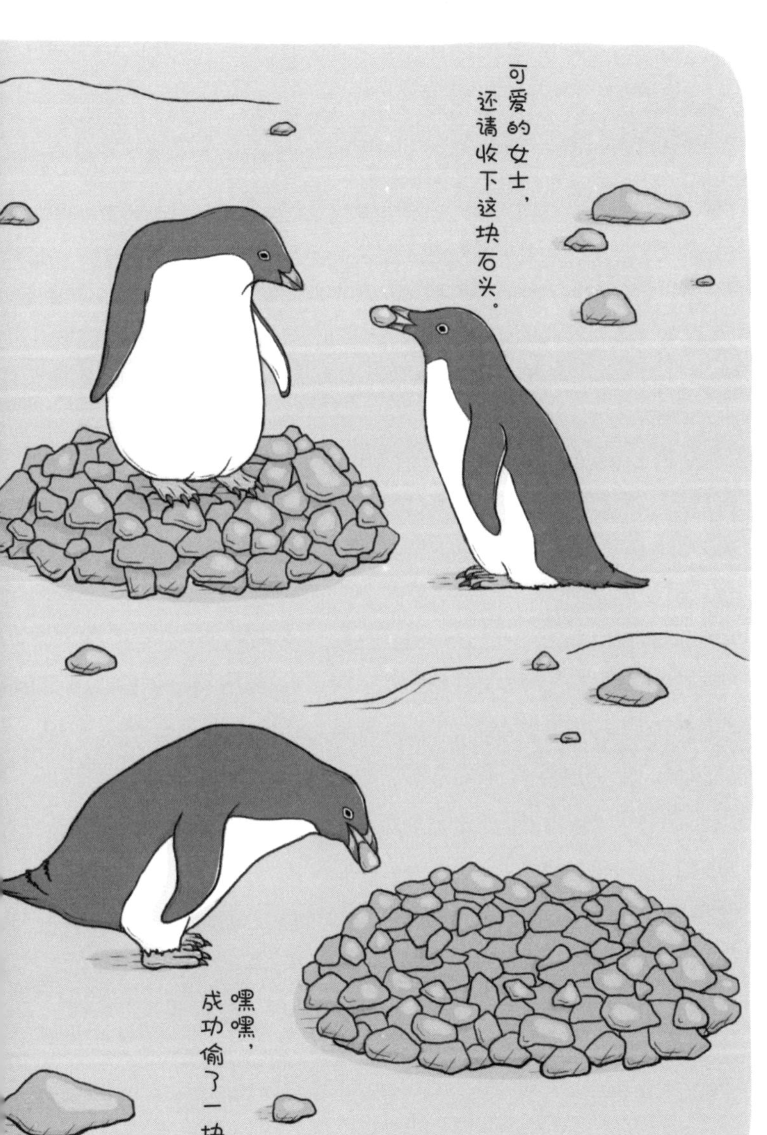

可爱的女士，还请收下这块石头。
嘿嘿，成功偷了一块。

南极贼鸥罪行累累

每年 10 月前后，南极贼鸥就会飞到南极，在能看清企鹅巢的岩壁上筑巢。然后，它们就像看守犯人的警察一样，目不转睛地盯着企鹅，明明自己才是干坏事的那一方——南极贼鸥会**趁着企鹅父母离巢的工夫，将它们的卵和幼崽吃掉**。

不仅如此，有时看见其他海鸥或崖海鸦抓到鱼，南极贼鸥也会**用嘴啄击对方，趁对方忍不住松嘴时，一下把鱼抢走**，简直无法无天。

从种种行为来看，南极贼鸥**是名副其实的鸟界“江洋大盗”**。为了在残酷的自然界里求生，想来它们不介意背负这样的称号?

生物名片

鸟纲

- **中文名** 南极贼鸥
- **栖息地** 广泛分布在海洋上
- **大小** 全长约59厘米
- **特点** 一旦人类靠近，就会伸头啄击

Q 非洲野犬怎样来决定是否去捕猎?

➡ 答案见第94页

剑龙威风凛凛，竟然会捡便便吃

剑龙全长足有 9 米，头围却只有 40 厘米，**相当于身高 150 厘米的同学，头围只有 6 ～ 7 厘米**。

或许是因为头太小了，它们的咬合力极弱，基本只能吃蕨类等柔软的植物。

不过，最近古生物学家们研究剑龙的化石，有了新的推测：化石上的每一颗牙齿都非常完整，没什么磨损，因此剑龙**可能还会吃一些比蕨类植物更加柔软的食物，也就是其他恐龙的便便**。

它们竟能靠着吃便便获得的能量支撑如此庞大的身体活动，看来与便便相关的环保事业未来可期。

生物名片

爬行纲

■**中文名** 剑龙（已灭绝）
■**栖息地** 北美洲、欧洲
■**大小** 全长约9米
■**特点** 尾巴末端有4根骨刺，或许可以用来防身

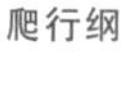

长颈鹿宝宝一出生就面临各种考验

通常，动物的幼崽都是在父母的精心呵护下长大的。但是，长颈鹿宝宝的人生从出生那一刻便开启了“地狱模式”。

因为长颈鹿妈妈是站着生孩子的，所以鹿宝宝**刚从妈妈肚子里出来，就要从 2 米高的地方被狠狠摔到地上。**

更艰难的是，它们**必须在出生后 30 分钟内学会站立**，不然很可能沦为狮子、鬣狗等肉食动物的盘中餐。在肉食动物较多的地方，长颈鹿宝宝的死亡率甚至超过 50%。也就是说，**每 2 只长颈鹿宝宝出生，就有 1 只无法存活下来，命运对它们未免太残忍了。**

生物名片

哺乳纲

- **中文名** 网纹长颈鹿
- **栖息地** 非洲撒哈拉沙漠以南的热带草原
- **大小** 体长约5.9米
- **特点** 一天中约有18个小时在吃饭

A 第92页的答案➡用打喷嚏的次数来决定。

雀鱼的未来只有随波逐流

雀鱼是圆鳍鱼科真圆鳍鱼属的一种鱼，身体小巧可爱、圆滚滚的，很像日本传统甜点团子，所以也被叫作“团子鱼”。它们**成年后也仅有2～3厘米长**，简直就像消消乐游戏里那些连在一起就会消掉的图标。

也正因为长得太小，哪怕只是遇到很小的海浪，雀鱼也会**像被风吹走的塑料袋似的随波漂去**，连好好吃一顿饭都很费力。

不过，也不必太担心。**雀鱼的腹鳍特化成了一个大大的吸盘**，可以将身体牢牢附着在岩石或海藻上，防止被水冲走。**它们的宝宝也会吸附在父母身上**，让人看了忍不住联想：如果4条鱼互相吸附并叠在一起，会不会像消消乐一样突然消失呢？

生物名片

硬骨鱼纲

- **中文名** 雀鱼
- **栖息地** 太平洋西北部、日本北海道至鄂霍次克海海域
- **大小** 全长约2.5厘米
- **特点** 以死去的藤壶等为巢，在其中产卵，卵由雄鱼保护

袋鼠宝宝的生日定得相当随便

逛动物园时，你可能会留意到，有些解说牌上写着动物的生日。但是，袋鼠的生日其实并不是它们出生的那天，而是**从妈妈的育儿袋里探出脑袋的日子**。

这是因为**谁都搞不清楚小袋鼠是哪天出生的**。袋鼠刚出生时体长只有 2 厘米，**出生后约 10 秒，就藏进妈妈的育儿袋里了**。

之后，宝宝会在育儿袋里吃母乳成长，大概半年后才会悄悄地从育儿袋里探出头来，某天凑巧被饲养员看见，这一天就被定为它们的生日了。

生物名片

哺乳纲

- **中文名** 西部灰袋鼠
- **栖息地** 澳大利亚的平原
- **大小** 体长约1.1米
- **特点** 成年雄性会散发出类似咖喱的独特气味

Q 海椰树的果实像什么？

➡ 答案见第98页

黄纹多角海蛞蝓 不挑食，连同类都吃

海蛞蝓是软体动物家族中的一类特殊成员，也是海螺的亲戚，它们身上的贝壳已经退化消失，**身体完全裸露在外**，而且五颜六色的，黄色、粉色……目前已经发现的超过 3000 种。

在众多色彩丰富、造型各异的海蛞蝓中，最肆无忌惮的要数黄纹多角海蛞蝓。它们可能是突发奇想，“想尝尝朋友的味道”，有时会把同类一口吞下，**即便对方同为黄纹多角海蛞蝓，也不会放过，尤其是那些体形比自己小的同类。**

海蛞蝓虽然肉不少，但它们艳丽的体色和奇特的形状让人不敢下口。其中一些种类还有毒性，为安全起见，还是不要随意食用。

生物名片

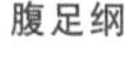
腹足纲

■ **中文名** 黄纹多角海蛞蝓
■ **栖息地** 太平洋西部至印度洋海域
■ **大小** 体长约13厘米
■ **特点** 单体同时拥有雌、雄两种性状

遗憾度

北美水獭从小就要接受超强度训练

北美水獭生活在水边，靠捕食鱼类和蛙类为生。对它们来说，**是否擅长游泳是关乎生死的大事**。因此，水獭妈妈会通过高强度的训练来培养孩子的游泳技能。

水獭宝宝出生约 2 个月后，妈妈便会叼着它的后颈来到水边，**毫不犹豫地将它扔进水里**。如果水獭宝宝慌忙想要出水，**妈妈就会踩住它的头，让它彻底被水淹没**。即便是职业的游泳运动员，也不会练习到这种残酷的程度。

不过，水獭不负自己的名号——用不了几分钟，小水獭便能靠自己的力量，在水里轻松地游来游去了。

生物名片

哺乳纲

■**中文名** 北美水獭
■**栖息地** 北美洲的河流、湖泊、湿地
■**大小** 体长1～1.3米
■**特点** 体毛具有防水性，能防止身体被浸湿，保持体温

A 第96页的答案➡屁股。

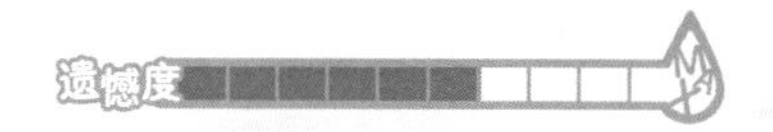

哈氏张球螋过分溺爱孩子

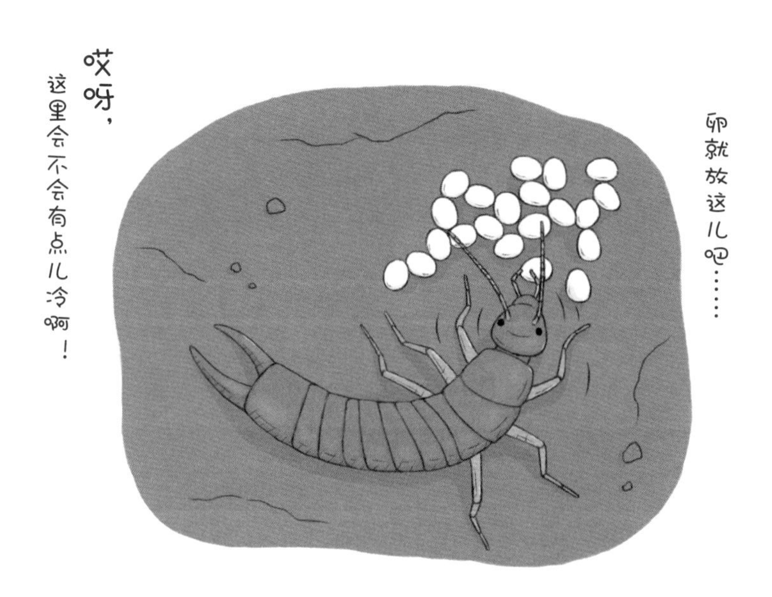

哎呀，
这里会不会有点儿冷啊！
卵就放这儿吧……

一旦有敌人靠近，哈氏张球螋（sōu）便会像蝎子一样翘起大大的尾铗（jiá）来攻击对方。它们给人不好惹的印象，但**对待孩子却十分温柔**。

哈氏张球螋妈妈产卵后，就开始一刻不停地舔舐和翻动卵。如果不这样做，**卵很容易感染霉菌，导致无法孵化**。不仅如此，它们对温度的把控也相当到位：天气炎热的时候，妈妈会在卵之间留出缝隙，帮助通风；寒冷的时候，则会把卵聚在一起，防止热量散失。

在妈妈含辛茹苦的照顾下，宝宝们终于从卵中孵化出来。最终，**妈妈还会让孩子们吃掉自己的身体，死而无憾**。

生物名片

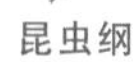
昆虫纲

- **中文名** 哈氏张球螋
- **栖息地** 日本北海道至九州的森林
- **大小** 体长约1.6厘米
- **特点** 雄虫尾铗左右两边形状不同

雄性东非狒狒为了融入群体，会跟小狒狒套近乎

东非狒狒通常是几十只一起组成族群生活，其中有雄性、雌性，以及它们的孩子。

雌性狒狒从出生起就一直生活在自己的族群中，而**雄性狒狒成年后会寻找新的族群加入**。他会和新族群的雄性首领打上一架，胜利者成为新的“老大”。

而输的那一方呢，只能费心费力地**跟族群里的小狒狒套近乎**。有的雄性狒狒会帮小狒狒梳理毛发，有的则给小狒狒当保镖。如果能讨取小狒狒的欢心，让它们觉得“**你还挺能干的嘛**”，就会得到群体里其他狒狒的认可，成功融入新集体。

生物名片

哺乳纲

- **中文名** 东非狒狒
- **栖息地** 非洲的热带草原
- **大小** 体长约73厘米(雄性)
- **特点** 雄性会用尖锐的犬齿撕咬敌人

Q 老虎捕猎的成功率是多少？ ➡答案见第102页

鹦嘴鱼必须被轻柔地包裹住全身才能睡着

夏天的夜晚，想必不少同学都遭遇过蚊子在耳边嗡嗡叫个不停、闹得人怎么也睡不着觉的情况；其实，大海里有一种鱼也被类似的烦恼困扰着，那就是鹦嘴鱼。

它们平时**生活在珊瑚礁附近，这里有许多会吸血的小型寄生虫**。如果鹦嘴鱼一不小心睡着了，浑身都会被咬遍。因此，它们睡前必须**用鳃部分泌的黏液裹住身体，隔绝寄生虫的干扰，这样才能安稳入睡**，和我们用蚊帐挡住蚊子差不多。

只不过对鹦嘴鱼来说，夏天的夜晚似乎永远不会结束，因为寄生虫随时都可能会吸它们的血。

生物名片

硬骨鱼纲

- **中文名** 污色绿鹦嘴鱼
- **栖息地** 印度洋到西太平洋的珊瑚礁海域
- **大小** 全长约30厘米
- **特点** 雄鱼呈蓝绿色，雌鱼呈红色

非洲草原象一听到蜜蜂的嗡嗡声就会火速逃走

在日本童话故事《一寸法师》中，一寸法师只用一根小小的针就击退了恶鬼。现实生活中，**非洲草原象身上就发生着类似的事情**。

许多非洲村庄都种植玉米等农作物，非洲草原象时常会大驾光临，**一夜间吃掉大量的玉米等庄稼，把农田搞得乱七八糟**，堪称贪吃鬼。

无奈之下，深受困扰的村民们**放出数千只蜜蜂来驱赶大象**。蜜蜂们专蜇大象的眼睛、鼻子、嘴巴等柔软的部位，大象就算再皮糙肉厚，也疼得受不了。

后来，大象**只要听到人们播放蜜蜂振翅的声音，就会胆战心惊、火速逃走**，农田不再被肆意破坏，村庄也终于恢复了平静。

生物名片

哺乳纲

■**中文名** 非洲草原象
■**栖息地** 非洲的草原
■**大小** 体长约6.8米
■**特点** 现今陆地上最大的动物

A 第100页的答案➡约10%。

阿姨辈的雌性几何寇蛛更受异性欢迎

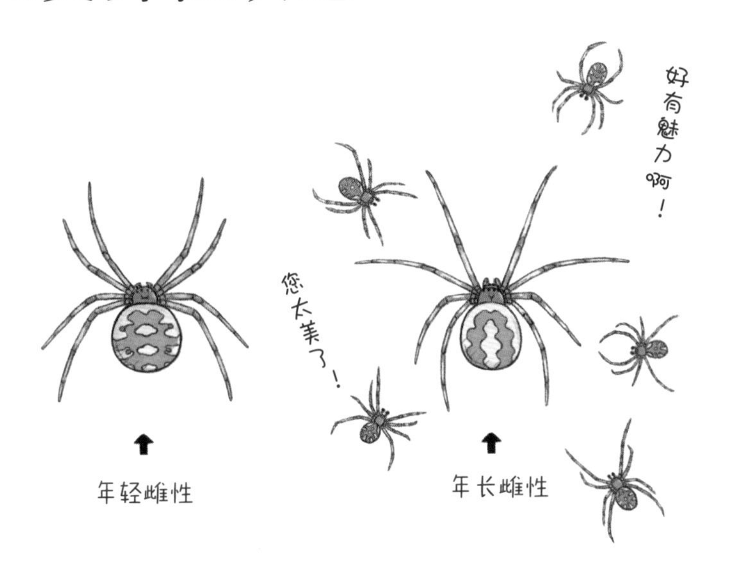

在人类世界，随着爱情观的开放，不少男性开始大胆追求比自己年纪大的女性。对于雄性几何寇蛛来说，**阿姨辈的雌性更是有着不可动摇的吸引力**。

在相关实验中，所有雄性几何寇蛛都热情地向年长的雌性寇蛛表达爱意，而没有选择年轻的雌性。这些雄性之所以如此痴狂，**是因为年长雌性释放的信息素**。这种化学物质能够散发雌性魅力，并且分泌量会随着年龄的增长而增加。

如此一来，年长的雌性寇蛛总能轻松俘获雄性的心。恋爱很美好，可怕的是，雌性寇蛛在与雄性交配后，会**狼吞虎咽地吃掉对方**。

生物名片

蛛形纲

- **中文名** 几何寇蛛
- **栖息地** 澳大利亚、中美洲到南美洲的城市、草原
- **大小** 体长约8毫米（雌性）
- **特点** 常混在船上的货物里

遗憾度

犰狳闻不到尿的味道就无法安心

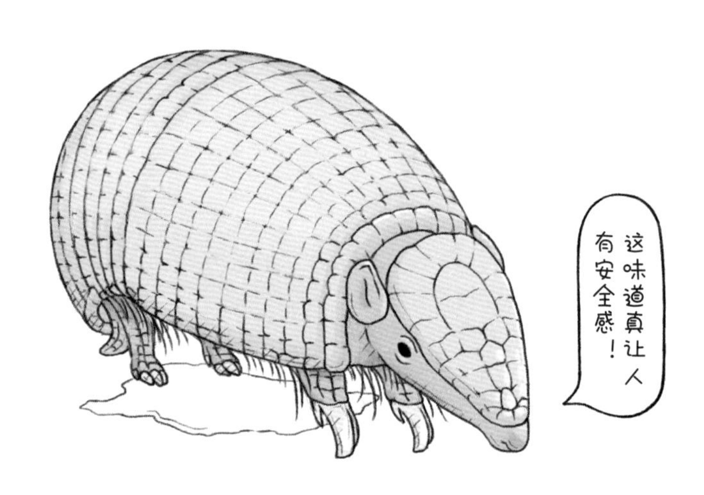

犰狳全身长满坚硬的鳞片，这身铠甲如铜墙铁壁般保护着它们的身体和头部，让肉食动物无从下口。

不过，动物园里饲养的犰狳有时会意外死亡，**死因竟然是它们太爱小便了**。由于小便过于频繁，超过了身体的极限，**最终失水而死**。

原来，犰狳喜欢以撒尿的方式留下气味、标记地盘。但是，在动物园这种随时有人打扫的地方，**它们如果不经常到处小便确认领地，心里就不踏实，结果造成身体脱水**。

生物名片

哺乳纲

- **中文名** 巴西三带犰狳
- **栖息地** 中美洲至南美洲的草原
- **大小** 体长约25厘米
- **特点** 眼睛几乎看不见，靠嗅觉生活

Q 蚤蜗牛用什么方式实现长距离移动？ ➡答案见第106页

窃蠹被人类擅自封为“死神”

窃蠹（dù）这个名字听起来或许有些陌生，其实**全世界已知的窃蠹种类已经超过 2000 种**，它们以老旧的木材家具和书本等为食。

其中有一种红毛窃蠹，会住进人类家中。一到夜晚，**它们便用头部和下颚撞击柱子来吸引异性、交流感情，弄得到处咣咣作响**。

古时的欧洲，人们有给临终老人守夜的习俗。守夜人听到木墙里传来咔嗒咔嗒的声响，过去查看却发现什么也没有。久而久之，一种迷信的说法流传开来，**人们认为这是来自死神的“死亡倒计时”**，自作主张地把窃蠹封为可怕的死神，还给它们起了个“报死虫”的别名，这简直是在破坏虫虫们约会的氛围嘛。

生物名片

昆虫纲

- **中文名** 红毛窃蠹
- **栖息地** 欧洲的树林和民宅
- **大小** 体长约5毫米
- **特点** 对人类来说，是种臭名昭著的害虫

阔巨口海鞘总是在发呆

人生漫漫，难免有时候感觉有些“丧”，脑海里可能只想着：“**什么都不想干，也不想动……**”而阔巨口海鞘每天都过着这样的生活。

阔巨口海鞘是一种深海生物，它们将身体固着在海底某处，一辈子都无法移动。平常**总是张着大大的“嘴巴”**①**发呆，无所事事**。时不时有懵（mēng）然无知的浮游动物恰巧漂过来，它们就会迅速关闭大嘴，顺理成章地美餐一顿。

或许正是因为生活没什么压力，阔巨口海鞘总是一副大笑的样子。不过，**感知到危险的时候，它们也会闭紧嘴巴，看上去一脸严肃**。

①即入水孔，可以吸入海水，滤出其中的食物吃下。

生物名片

海鞘纲

- **中文名** 阔巨口海鞘
- **栖息地** 日本、美国、澳大利亚周围的深海
- **大小** 全长约25厘米
- **特点** 幼时游泳的姿态很像蝌蚪

A 第104页的答案➡被鸟类吃掉后，随粪便一起被排泄出来，从而实现长距离移动。

松鸦爱洗蚂蚁澡

野生动物身上**多少都有一些小虫子和细菌**。如果坐视不管，**很可能引发疾病**。因此动物们会时不时前往河流、池塘，用水把身体清洗干净。

但是，乌鸦的远亲——同属于鸦科的松鸦，不只用水洗澡，**还喜欢洗"蚂蚁澡"**，听起来就让人浑身发痒。

这种洗浴方式十分特别：松鸦会故意用翅膀破坏蚁窝，激怒蚂蚁。生气的蚂蚁会纷纷爬上松鸦的身体，咬住它的羽毛，同时分泌出一种**让人感觉酥麻酸痛的蚁酸，而蚁酸刚好可以杀死松鸦身上的细菌**。

生物名片

鸟纲

- **中文名** 松鸦
- **栖息地** 亚欧大陆的森林
- **大小** 全长约33厘米
- **特点** 会把橡子埋到地下，以后再挖出来吃

哥伦比亚地松鼠是亲吻狂魔

有的成年人喝醉后会化身“亲吻狂魔”，逮着身边的人乱亲一通。有时必须给他一巴掌，才能让他清醒过来。而哥伦比亚地松鼠虽然不喝酒，但**无论何时何地都和同类亲个不停**。

不过，它们互相亲吻，**只是为了嗅闻对方的气味**。哥伦比亚地松鼠的嘴巴附近有一个腺体器官，会散发出独特的气味。想要闻到对方身上的这种气味，就得把脸凑近，近到能碰到彼此的嘴巴和鼻子，看起来就像亲吻一样。

对它们来说，**亲吻并不是一件多么浪漫的事情，仅仅是自我介绍而已**。

生物名片

哺乳纲

- **中文名** 哥伦比亚地松鼠
- **栖息地** 北美洲的高山和山地草原
- **大小** 体长约35厘米
- **特点** 一年冬眠8个月以上

Q 牛的哪种行为会加剧全球气候变暖？ ➡答案见第110页

栖北散白蚁会把真菌当成卵，勤勤恳恳照料

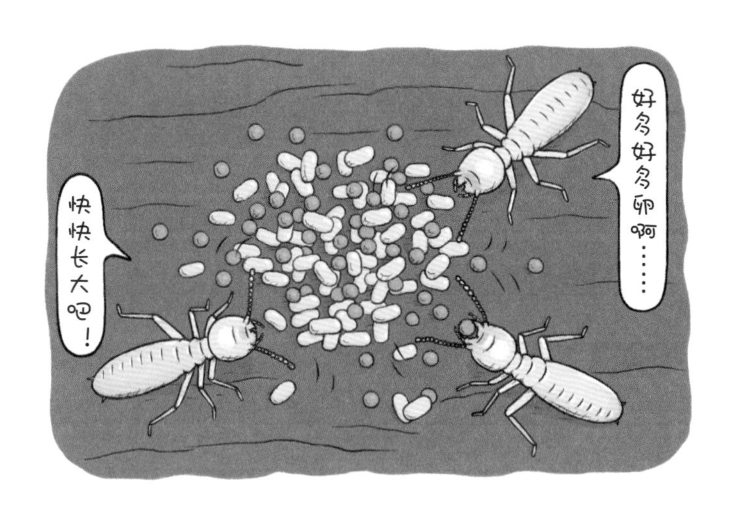

栖北散白蚁的工蚁会把蚁后的卵聚集到一起照顾。然而，它们有时候也会粗心大意，**错把真菌当成卵来养育，傻傻地期待这些真菌早日孵化长大**。

栖北散白蚁根据形状、大小以及气味来判断哪些是卵，但经常**会把一种形似鲑鱼子的真菌误认为是卵**，吭哧吭哧地搬回巢穴里照料。这种真菌被称为“白蚁球”，**不仅大小和蚁卵相似，就连气味也差不多**。虽然颜色有些不同，但是工蚁视力不佳，也就无法区分了。

工蚁不辞辛劳地忙来忙去，到头来蚁窝里的**真菌可能比卵还多**。

生物名片

昆虫纲

- **中文名** 栖北散白蚁
- **栖息地** 东亚的枯木、民居
- **大小** 体长约6毫米
- **特点** 会啃食木质家具，对人类来说是害虫

大食蚁兽宝宝特别爱撒娇

一只大食蚁兽**一天要吃3万只蚂蚁或白蚁**。它们每天会光顾多个蚁窝，每个蚁穴只吃一小部分，以防一下子吃光，口粮耗尽。

大食蚁兽的烦恼呢？大概是带孩子吧！它们没有固定的巢穴，**宝宝从出生到1岁，妈妈会一直背着它行动**。这样做虽然辛苦，但也有优点——宝宝身上的花纹正好和妈妈的重合在一起，敌人很难发现。

问题是，**大食蚁兽宝宝出生半年后，体重能达到近20千克**。也就是说，它们的妈妈每天都在负重训练。母爱真是伟大！

生物名片

哺乳纲

■**中文名** 大食蚁兽

■**栖息地** 中南美洲的草原疏林、湿地

■**大小** 体长约1.1米

■**特点** 长长的舌头1分钟内能伸缩160多次

A 第108页的答案➡打嗝。

大金丝燕的巢是口水做的

在中国菜里，有一种**堪比鱼翅、鲍鱼的高级食材**，那就是燕窝。这种口感软弹的美味取自大金丝燕在悬崖峭壁上筑的巢，**而燕窝其实是它们的唾液**。

金丝燕的**唾液黏糊糊的，凝固后会变成白而通透的塑料一样的固体**。它们将大量唾液交叠在一起，凝固后就成了燕窝。

其他鸟通常用叶子、树枝筑巢，人类自然不会食用这些鸟巢。相比之下，大金丝燕的巢可以说是**百分百纯唾液制造**。用这种巢做出来的甜品，让人垂涎三尺。

生物名片

鸟纲

■**中文名** 大金丝燕
■**栖息地** 东南亚的海岸
■**大小** 全长约17厘米
■**特点** 在崖壁上的洞穴里筑巢，成群生活

雄性斑鬣狗在群体内地位很低

在动物界，雄性通常比雌性力气大一些。但斑鬣狗是个例外，它们雌性比雄性体形更大，肌肉也更发达。**捕猎的时候，基本只有雌性上阵。**

因此，斑鬣狗群体通常由雌性领导。雄性不但无法成为领导者，而且地位比群体中的任何一只雌性都低。

相比其他动物，雌性斑鬣狗的生活方式明显“雄性化”，它们甚至**连生殖器也长成了类似雄性的结构。用这样的生殖器生宝宝可不是件容易事**，不得不佩服！

生物名片

哺乳纲

- **中文名** 斑鬣狗
- **栖息地** 非洲的热带草原
- **大小** 体长约1.4米
- **特点** 会挖掘构造复杂的巢穴，在里面养育幼崽

Q 拳击蟹的武器是什么？

➡ 答案见第114页

低地斑纹马岛猬浑身上下都透露着随性

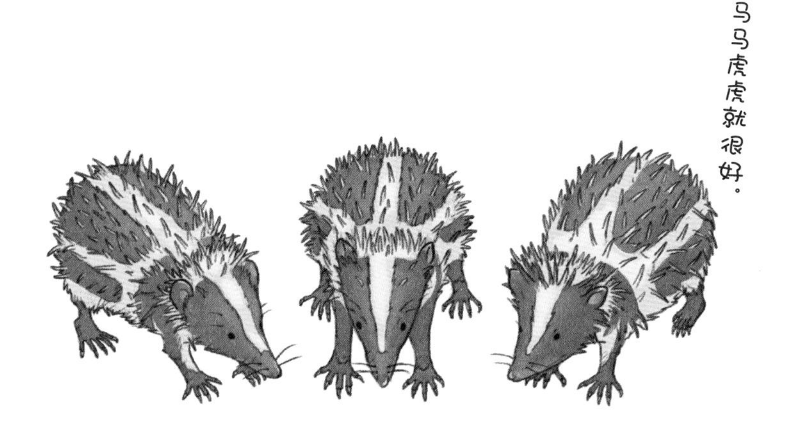

低地斑纹马岛猬真应该分一些活力给身心疲惫的现代人。

它们一旦发现敌人，就会像刺猬一样竖起颈部的刺，恐吓对方。不过，**它们的刺软软的，并不能用来防身**。科学家通过基因研究发现，低地斑纹马岛猬虽然形似刺猬，但其实与大象、儒艮（gèn）的亲缘关系更近。

无论是小便、大便，还是生孩子，低地斑纹马岛猬**用的都是同一个器官**。它们虽然是哺乳动物，体温却不能像一般哺乳动物那样保持恒温，而是**随着气温变化**。

低地斑纹马岛猬在许多方面都不太突出，却依然充满生气。看来有时不用太在意细节，一样能够活得精彩。

生物名片

哺乳纲

■ **中文名** 低地斑纹马岛猬
■ **栖息地** 非洲马达加斯加岛的森林
■ **大小** 体长约17厘米
■ **特点** 振动背部特定区域的刚毛来发声

鼠兔不仅吃便便，还用心把便便堆成小山

鼠兔长得有点儿像仓鼠，模样可可爱爱，还**个个身怀绝技——能重复利用自己的便便**。

鼠兔以青草和苔藓为食，排出的便便又绿又软。这种“头茬”便便尚未被充分消化，仍然含有丰富的营养。因此，它们总是**刚拉出来，转头又津津有味地吃进肚子里**。

当这些粪便第二次被排出时，已经变成了硬硬的小圆球。鼠兔会**认认真真地将这些便便堆成金字塔形**。这种行为被称为“堆粪”，目的是向敌人和同类宣示领地。不管是将便便吃进肚子里还是堆成小山，鼠兔未免也太会过日子了吧！

生物名片

哺乳纲

- **中文名** 东北鼠兔
- **栖息地** 东亚和北亚的山地
- **大小** 体长约16厘米
- **特点** 为了迎接冬天，夫妻俩会协力在洞口或石缝间囤积食物

A 第112页的答案➡两团有毒的海葵。

皱鳃鲨宝宝要在妈妈肚子里待上三年半才能出去

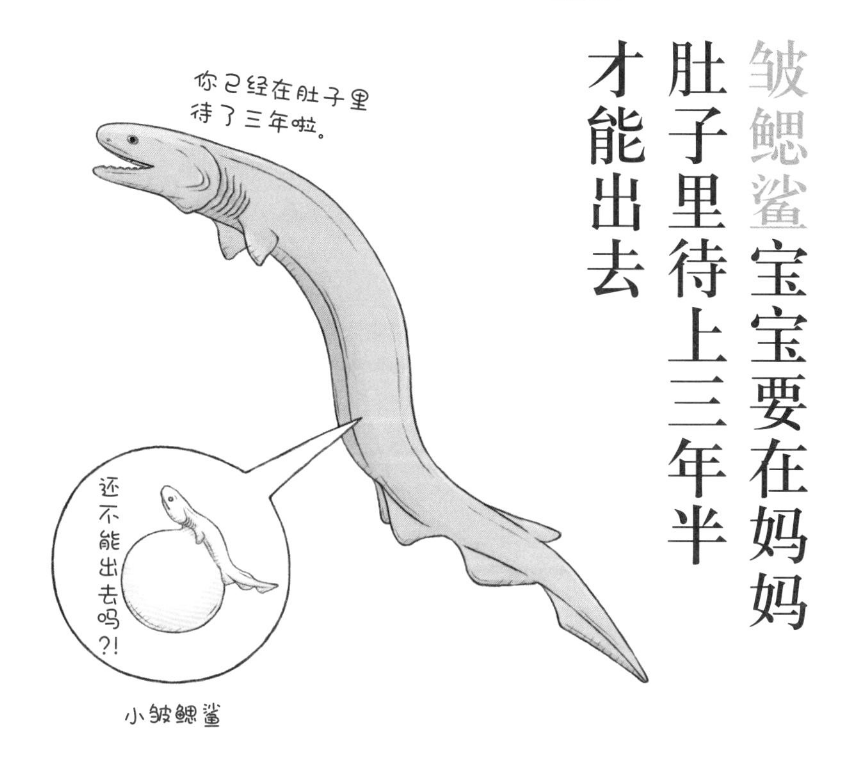

你已经在肚子里待了三年啦。
还不能出去吗?!
小皱鳃鲨

皱鳃鲨是一种栖息在深海的鲨鱼。雌性皱鳃鲨不像其他鱼类那样在海底或岩石上产卵，而是**在肚子里悉心养育宝宝**。

卵好不容易在妈妈肚子里孵化了，皱鳃鲨宝宝却不能出来，**它们得继续待在妈妈的肚子里，从受精卵到离开妈妈，大约要待上三年半**。换作是人类的宝宝，三岁半已经会说话了。

皱鳃鲨也被称为“**活化石**”，这种稀有生物基本保留了祖先的原始模样。也许它们得以幸存至今，正是得益于这种独特的养育方式。果真这样的话，为了防止灭绝，小皱鳃鲨还是在妈妈肚子里多忍耐一下吧！

生物名片

软骨鱼纲

- **中文名** 皱鳃鲨
- **栖息地** 广泛分布在世界各地的深海
- **大小** 全长约2米
- **特点** 每颗牙齿都有3个齿尖，可以牢牢地咬住猎物

猫看到黄瓜会被吓一跳

“**趁猫咪吃饭时，往它身后悄悄放根黄瓜。**”这样的恶作剧在各大视频网站一度非常流行，视频中猫咪的反应吸引了许多人的好奇和关注：它们在发现黄瓜的一瞬间，**会被吓得高高跳起，落荒而逃**。而且不是个例，大多数猫咪都会有这样的反应。

人们尚不清楚猫咪为什么会在看到黄瓜时有如此激烈的反应，有动物学者认为：“**可能在猫咪眼中，黄瓜很像蛇。**”

虽然猫咪的反应很可爱，但换位思考，最好不要用这种方法吓唬它们。

生物名片

哺乳纲

- **中文名** 家猫
- **栖息地** 世界各地广泛饲养
- **大小** 体长约70厘米
- **特点** 祖先是非洲野猫，后经人工驯养，培育出了许多品种

Q 琉球龙蜥如何威吓敌人？

➡答案见第118页

负蝗背着的不是孩子，而是丈夫

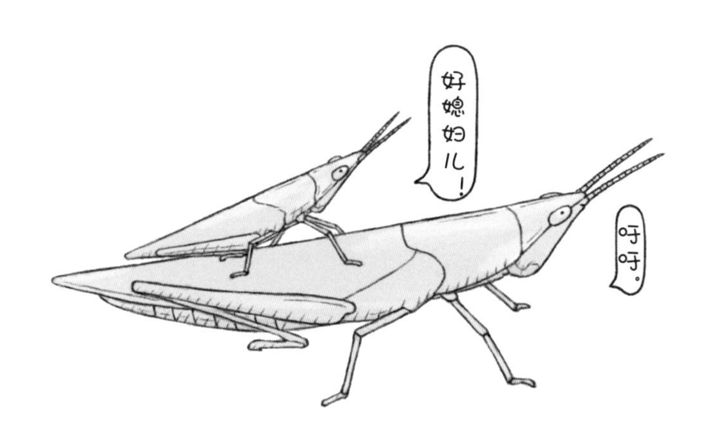

在农田和草地，我们有时会看到一只大蝗虫背着一只小蝗虫。这样的画面不禁让人感叹：“一直被妈妈背着的宝宝也太幸福了吧！”但负蝗背上的那只其实是成年的雄性蝗虫。也就是说，**负蝗妈妈一直背着负蝗爸爸**。

这并非雌蝗在保护雄蝗，而是**雄蝗为了独占雌蝗，强行跳到对方背上**。有时碰到其他雄蝗来争夺雌蝗，两只雄蝗就会直接在雌蝗背上大打出手。让人忍不住想吐槽：**“您二位还是先从人家背上下来吧。”**雄蝗为了繁衍后代，也真是费尽了心思。

然而，当雌蝗产卵后，**雄蝗却完全不负责带孩子**。

生物名片

昆虫纲

- **中文名** 长额负蝗
- **栖息地** 东亚的草地
- **大小** 体长约4厘米（雌性）
- **特点** 被人类抓住时，会从口中吐出黑乎乎的液体

旅鼠做事常常不顾后果

旅鼠看起来呆萌可爱，身上却有许多未解之谜。**每隔 3 ~ 5 年，它们就会大量繁殖，数量急剧增加**。旅鼠的繁殖速度极快，每年个体数可增至 10 倍，也就是说，**100 只旅鼠 5 年后就能繁殖为 1000 万只**。

照这个速度，广阔的草原和山林早晚都会被它们啃光，变成荒地，这可不行。于是，一旦种群数量过多，旅鼠就**开始大迁移，寻找新的食物来源**。在遥远的旅途中，它们有的会淹死在河流和大海中，有的因饥饿而死。**3 ~ 4 年后，种群数量会大幅减少，甚至有人担心它们会不会就此灭绝**。就这样，旅鼠的数量总在两个极端之间周期性地摇摆。

生物名片

哺乳纲

- **中文名** 挪威旅鼠
- **栖息地** 欧洲斯堪的纳维亚半岛、俄罗斯西北部的山地
- **大小** 体长约12厘米
- **特点** 通常独自生活，以苔藓和青草等为食

A 第116页的答案➡做俯卧撑。

火鸡勉勉强强地活着

说起西方圣诞节的美食，当然少不了火鸡。很少有人知道，火鸡的**体质非常特殊，换作是人类，恐怕早就进医院了。**

按照人类的标准，它们是典型的高血压。人类正常的收缩压①指数最高一般为140，**而火鸡的收缩压指数能达到400，几乎是人类的3倍**，在当今动物界是当之无愧的第一名。

为满足飞行的耗氧需要，鸟类通常心脏较大，心跳更快，血压较高。而火鸡的**血液格外黏稠**，心脏必须使出更大力气才能输送出血液。它们平常**总是面色苍白**，让人不由得担心它们的血液循环。

①心脏收缩、把血液压入主动脉时，对血管内壁产生的压力。

生物名片

鸟纲

■ **中文名** 火鸡

■ **栖息地** 北美洲的森林、草原

■ **大小** 体长约1.2米（雄性）

■ **特点** 脸色可以变为红色、蓝色、白色等，因此也叫"七面鸟"

草原犬鼠在地下**挖洞穴居，洞穴最大可达 30 米长**。它们在洞穴里组建一夫多妻式家庭，共同生活。

一个家庭大约有 8 名成员，和人类中的人家庭差不多。不过，**一个草原犬鼠家庭通常只有一个雄性，那就是宝宝的父亲**。雌性草原犬鼠会一直生活在同一个洞穴里，而雄性宝宝成年后则不得不离开洞穴，组建自己的家庭。

不仅如此，草原犬鼠爸爸本应是家里的“顶梁柱”，却只有在交配期才生活在洞穴里。繁殖季一结束，**它们就会被赶出家门**。

生物名片

哺乳纲

- **中文名** 黑尾草原犬鼠
- **栖息地** 中美洲的平原和高原
- **大　小** 体长约30厘米
- **特　点** 因叫声与犬吠相似而得名

Q 蚊狮一个月能捕到多少只蚂蚁？

➡答案见第122页

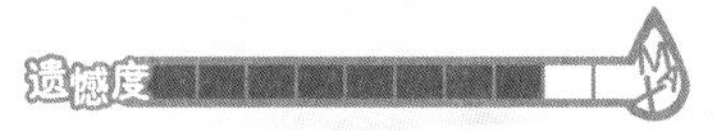

草原犬鼠家里人太多，
只能把爸爸赶出家门

福粪金龟是顶级便便美食家

福粪金龟是世界上最厉害的**便便美食大师之一**。它们的体色缤纷多彩，有红色、蓝色、绿色等多种颜色，**生活却很单一，整天围着便便转**。

福粪金龟妈妈会把鹿、貉（hé）等动物的便便滚成一个大大的粪球，埋到地下，并**在粪球里产卵**。宝宝出生后，就吃着妈妈做的粪球长大。

吃便便长大的宝宝们，终究有一天也要追寻自己理想中的便便。它们的出生地不同，对便便的偏好也不同。因此，福粪金龟宝宝中有的成了貉粪美食家，有的成了鹿粪美食家，在各自的领域深耕着。

生物名片

昆虫纲

- **中文名** 福粪金龟
- **栖息地** 日本、中国、朝鲜半岛的草地和林地
- **大小** 体长约2厘米
- **特点** 不同地区的个体颜色也不同

A 第120页的答案➡1～2只。

角马宝宝经常走丢

角马生活在非洲草原上，每年 4 月，它们都会**集体迁徙，去寻找更多可食用的青草，半年间行进距离长达 1600 千米**。迁徙大军有 100 多万头，其中一半左右都是带着孩子的妈妈。因此，路途中因体力不支、跟不上队伍而迷路的角马宝宝不在少数。

和妈妈走散的角马宝宝，对肉食动物来说是绝佳的猎物。它们在陆地上可能会被猎豹捕食，在河流中则可能命丧鳄鱼之口。

但对所有角马而言，最大的危险其实是河流本身，它们不得不经历严峻的生死考验——**每年有超过 6000 头角马在渡河时溺水死去**。

生物名片

哺乳纲

- **中文名** 斑纹角马
- **栖息地** 非洲东南部的草原
- **大小** 体长约2米
- **特点** 有时会用角或脚在地上刨土来威吓敌人

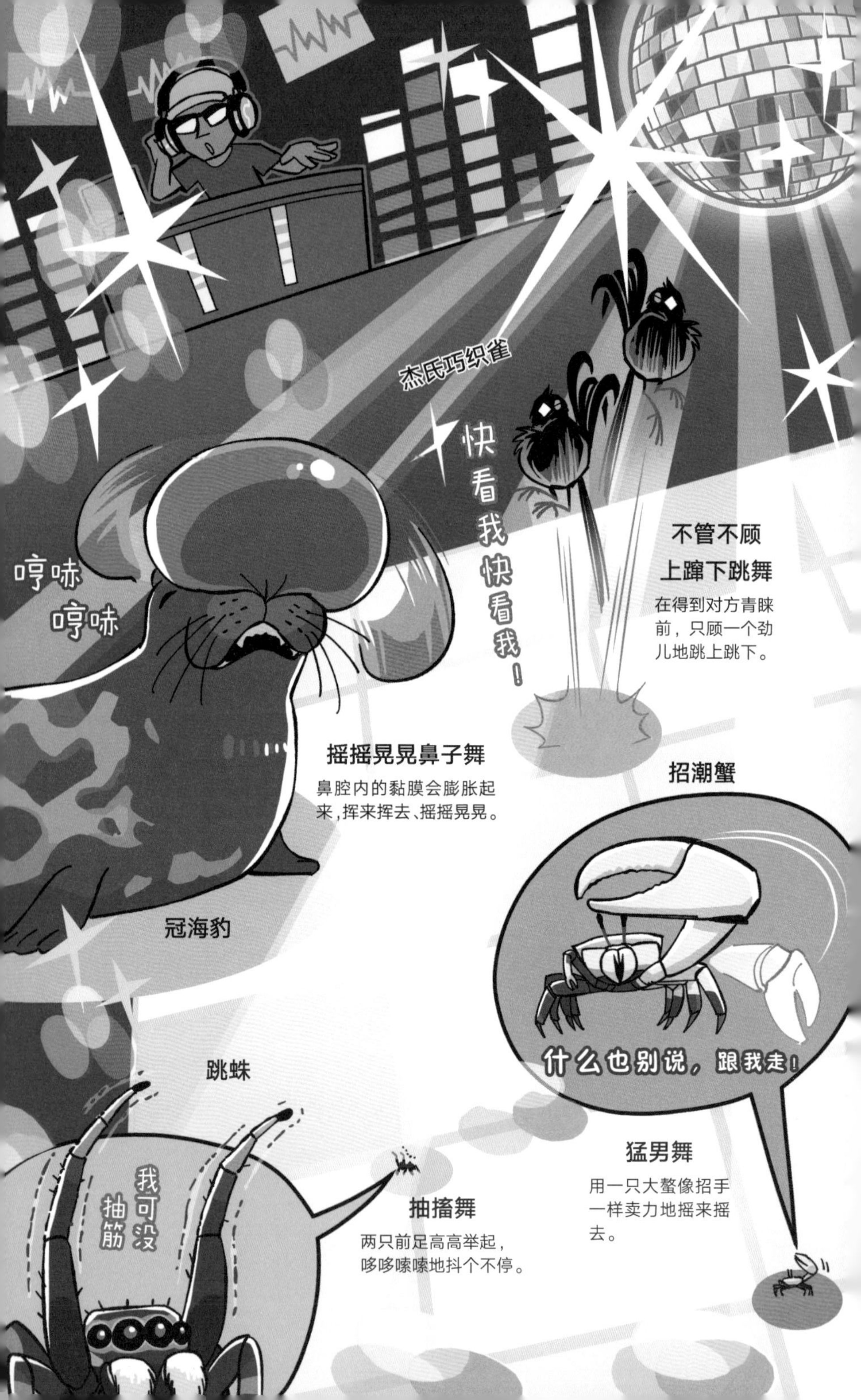
杰氏巧织雀
快看我快看我！
不管不顾
上蹿下跳舞
在得到对方青睐前，只顾一个劲儿地跳上跳下。
哼哧
哼哧
摇摇晃晃鼻子舞
鼻腔内的黏膜会膨胀起来，挥来挥去、摇摇晃晃。
冠海豹
招潮蟹
什么也别说，跟我走！
猛男舞
用一只大螯像招手一样卖力地摇来摇去。
跳蛛
我可没抽筋
抽搐舞
两只前足高高举起，哆哆嗦嗦地抖个不停。

让人遗憾的舞蹈大赛

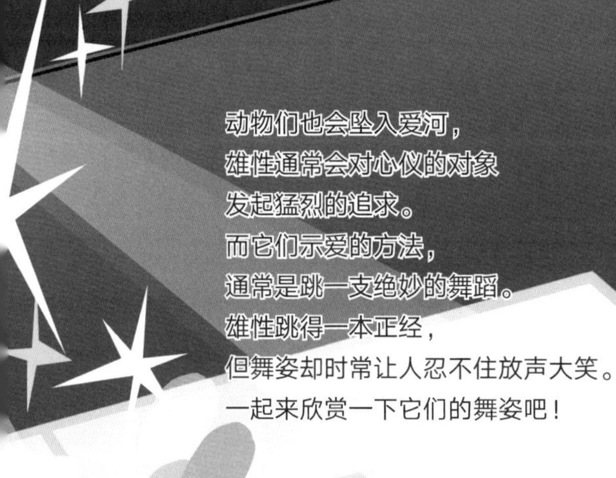

动物们也会坠入爱河，
雄性通常会对心仪的对象
发起猛烈的追求。
而它们示爱的方法，
通常是跳一支绝妙的舞蹈。
雄性跳得一本正经，
但舞姿却时常让人忍不住放声大笑。
一起来欣赏一下它们的舞姿吧！

红耳龟

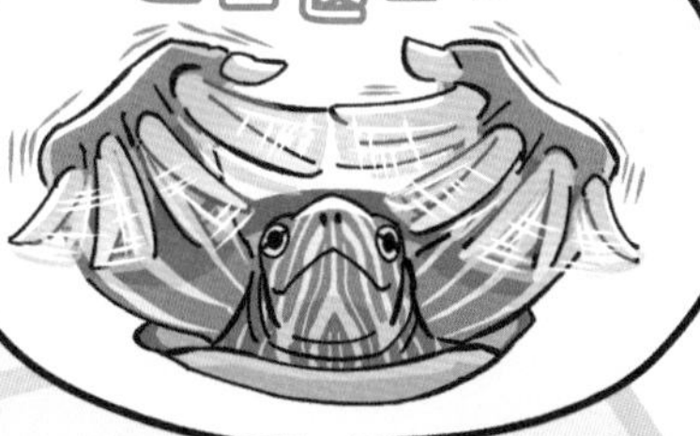

这里这里!!

迷幻手舞

在雌性面前不停抖手，
邀请对方。

全力霹雳舞

灵活地扭动全身。

啊，这位
小姐真可爱！

这样还不行吗！
这样还不行吗！

醉汉舞

交替着高高抬起左
右脚，身体随着摇
摆东倒西歪。

蓝脚鲣鸟

鸵鸟

我是鼯（wú）猴。陆地上有很多肉食动物，可怕极了。所以我们尽量不在陆地上活动，终于学会了用翼膜在空中滑翔，就像鼯鼠那样。

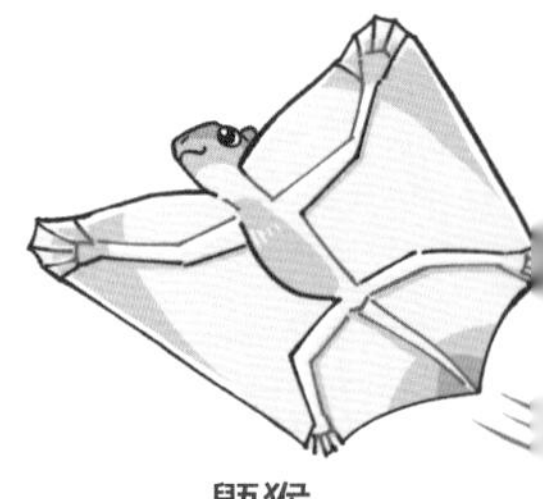

鼯猴

- 很少落到地面上
- 张开翼膜在树木间滑翔

3 猴子们的走路方式

哟哟！我是维氏冕狐猴！我们一般都在树上生活，长长的后肢非常适合在树枝间移动。如果迫不得已下到陆地上，我们就会横向跳跃着移动，哟！

各位看官，在下名叫黑猩猩。因为平时生活在树上，我们的胳膊进化得很长，手也变得很善于抓东西。在地面上走路时，我们前肢的手指会呈半握拳的状态支撑身体，同时用后肢行进。只用后肢行走也没问题，但用四肢移动更快些。

维氏冕狐猴

- 横向跳跃移动

黑猩猩

- 利用四肢行走
- 前肢的手指呈半握拳状态，支撑身体行走
- 前肢拿着东西时，也能只用后肢行走

第5章 让人遗憾的能力

有些生物的能力让人叹为观止，
也有些生物的能力让人不禁陷入沉思：
“这本领好像有点儿奇怪啊……”

翻页动画小剧场

鹊鸭的求婚会成功吗？

樱花会毫不留情地杀死周围的小草

在日本，樱花是种特别的植物，为相遇和离别增添了几分别样的色彩与气氛。

而在那些令人感动的场景中，樱花树在做什么呢？它们**正忙着毒杀长在根部附近的小草**。**樱花的叶子含有一种名为香豆素的有毒成分**，听上去像是吉祥物的名字，其实相当厉害。当叶子随风飘落到地面，这种毒素就会随叶子融入树下的土壤，**抑制其他植物的生长，阻碍其发育**。

别看樱花落叶的样子惹人怜爱，其实这一片片叶子就相当于投下一颗颗毒弹，**毫不留情地杀死周围的所有杂草**。

生物名片

被子植物门

■**中文名** 樱花（染井吉野樱）
■**栖息地** 北半球的温带地区
■**大小** 高约10米
■**特点** 花蜜能引来蚂蚁，帮忙赶走食叶害虫

Q 如果一直被胡蜂推挤，蜜蜂会怎样？ ➡答案见第132页

眼斑龙虾会集体搬家，导致集体被抓

每年冬天，眼斑龙虾为了繁育后代，会集体移居到深海中。它们的搬家方式非常独特，**大约 7 只龙虾排成一列前进**，让人不由得联想到低年级同学放学时排队的样子。

它们走着走着，还会和其他队伍合并，于是整支队伍的成员越来越多，最后**可能数百只龙虾排成一列**。人们曾发现过一支长达 2 千米的龙虾队伍浩浩荡荡地朝更深的海底进发。

龙虾们排成长龙前进，是为了让自己看上去像个庞然大物，以这种方式来自保，可惜**这样反而让渔民更轻松地将它们一网打尽**。

生物名片

软甲纲

- **中文名** 眼斑龙虾
- **栖息地** 大西洋西部的海底
- **大小** 全长约45厘米
- **特点** 一种大型龙虾，终生不断生长，直到死亡

豆蟹会不停地给海贝挠痒痒

豆蟹正如其名，是一种体形非常小的螃蟹，它们平时**藏在贝壳里生活**。不过，雄蟹会在夜里从藏身的海贝中溜出来，跑到雌蟹居住的海贝上，把腿伸到贝壳的缝里，**一个劲儿地挠来挠去**。

几个小时后，紧紧闭合的海贝会逐渐放松，忍不住张开口，雄蟹就可以进入贝壳里，和雌蟹喜结连理。

豆蟹的爱情故事乍听非常浪漫，但站在雌蟹的立场仔细想想，真有点儿不寒而栗——**这就相当于一个可疑男子在半夜三更去捅姑娘家大门上的钥匙孔，还一直窸窸窣窣好几个小时。**

生物名片

软甲纲

- **中文名** 豆蟹
- **栖息地** 新西兰的海湾和沿岸
- **大小** 甲壳宽约1厘米
- **特点** 藏在海贝里，夺取海贝捕到的浮游生物

A 第130页的答案➡因体温过高而死去。

林鸱的撒手锏是做鬼脸

林鸱（chī）是一种生活在丛林中的夜行性鸟类。一到夜晚，它们就会在树林中飞来飞去，捕食飞虫。**林鸱张大的喙能像捕虫网一样兜住飞虫再吃掉**。

白天，林鸱会**一动不动地伪装成树枝**。它们瘦长的身体一直保持直立的姿势，很难被敌人和猎物发现。

如果还是不小心被猴子、鹰等天敌发现了，它们就会立刻切换伪装模式，**唰地睁开大大的眼睛，竭尽全力扮鬼脸**。看到如此富有冲击力的一张脸，敌人往往会吓一跳，然后放弃袭击，落荒而逃。

生物名片

鸟纲

■ **中文名** 普通林鸱
■ **栖息地** 中南美洲的热带旱生林
■ **大小** 全长约38厘米
■ **特点** 一窝单卵，在树桩上产卵，夫妻共同抚养一只雏鸟

大红海参用屁股吃饭，呼吸，战斗

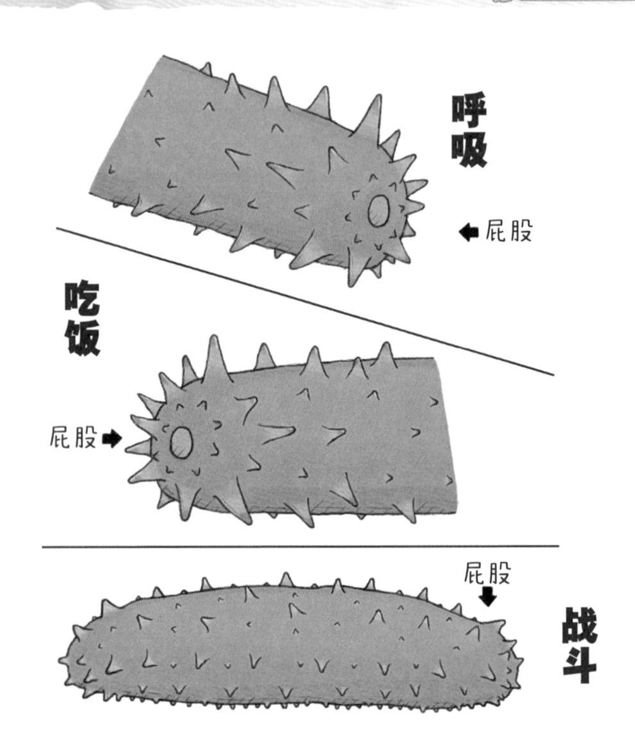

大红海参给我们提出了一个颇有哲学意味的问题：“**屁股的使命究竟是什么？**”

屁股当然可以排便，但它们的屁股——泄殖腔的功能不止于此，**还能用来排出内脏**。遭遇螃蟹、一些鱼类等天敌时，大红海参会从屁股里排出肠子、白色管状器官等来阻碍敌人，自己乘机逃走。

更不可思议的是，它们虽然有嘴，**但也会用屁股来呼吸和进食**。大红海参会用屁股吸入海水，然后用体内一种叫作“呼吸树”的器官从水中吸取氧气，顺便吃掉其中的微生物。

只要有屁股，生活就能继续——这就是大红海参的生存哲学。

生物名片

海参纲

■**中文名** 大红海参
■**栖息地** 北美洲太平洋沿岸海域
■**大小** 全长约50厘米
■**特点** 栖息在不同深度的海底，从浅滩到深海均有分布

Q 貉通过堆什么东西来标记自己的地盘？ ➡答案见第136页

雌性果蝇太受欢迎，就会伪装成雄性

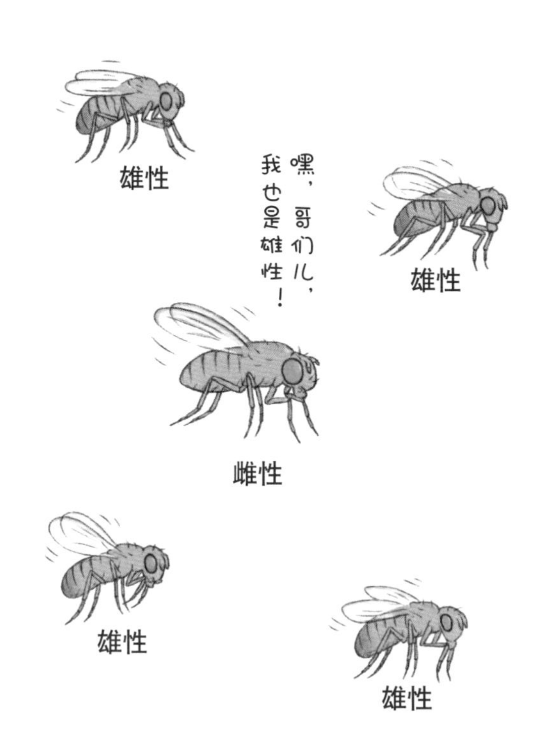

俗话说得好："萝卜青菜，各有所爱。"每个人都有自己的喜好。不过，在黑腹果蝇的世界里，雌性果蝇得到异性青睐的条件只有一个——个头够大。因为雌性体形越大，就意味着它能产下越多的卵。

但是太受欢迎也不是件好事。雄性果蝇**纷纷攘攘地挤作一团来求偶**，扰得雌性无法出去寻找食物，还会妨碍它们产卵。

因此，受欢迎的雌性在交尾一次之后，便会**散发出雄性的气味，伪装成雄性果蝇，以摆脱纠缠不休的追求者。**

生物名片

昆虫纲

- **中文名** 黑腹果蝇
- **栖息地** 广泛分布在世界各地的城市、街道、住宅
- **大小** 体长约2毫米
- **特点** 从卵化为成虫仅需10天左右

雄性小丘鹬用慢腾腾的『飞天舞』来求爱

雄性小丘鹬（yù）走路和飞行的方式相当有个性。

鸟类在地上行走时，为了不被肉食动物抓到，通常都跑得很快。但雄性小丘鹬**每走一步，都要上下晃一晃身体**，像个说唱歌手一样，节奏感十足。

繁殖期时，每到**傍晚时分，它们便会歪歪扭扭地在空中飞翔**。这是雄鸟独创的飞天舞，借此向雌鸟告白。

虽然舞姿歪七扭八，但想来雌鸟不会嫌弃——毕竟小丘鹬是世上飞行最慢的鸟类，每小时只能飞 8 千米。即便是孩子，**小跑着也能追上它们**。

生物名片

鸟纲

- ■中文名 小丘鹬
- ■栖息地 北美洲东部的森林
- ■大小 全长约30厘米
- ■特点 每天吃掉相当于自身体重的蚯蚓

A 第134页的答案➡便便。

水黾能在水面上“凌波微步”，却会沉入橙汁里

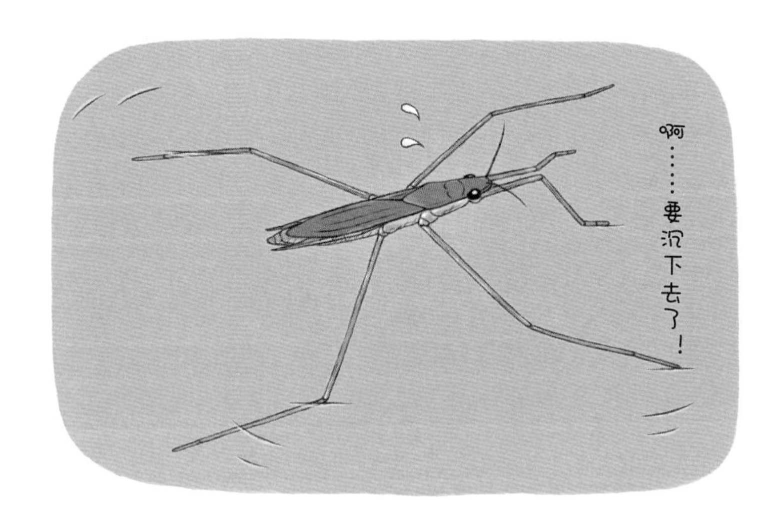

在水里滴一滴油，会发生怎样的变化呢？油不会溶于水，而是会漂浮在水面上，形成一个小小的圆。

水黾（mǐn）能浮在水面上，也是基于相同的原理。它们脚上长有纤细的绒毛，**上面黏附着身体分泌的油脂，使水黾能浮在水面上，**轻快、自由地行走。

而如果把水换为橙汁，水黾转眼间就会沉下去。因为橙汁的表面张力①比水弱，还能溶解油脂，所以水黾的脚会冲破表面穿入水中。

不仅是橙汁，**如果水中混有洗涤剂，它们也无法在水面上行走。**

①即液体表面自动收缩的拉力，实质是因为液体表面的分子间存在引力。

生物名片

昆虫纲

■**中文名** 圆臀大黾蝽
■**栖息地** 世界各地的湖泊、河流
■**大小** 体长约1.4厘米
■**特点** 受到刺激会散发出糖果般的气味

圆栉锉蛤通过闪光来表明自己有多难吃

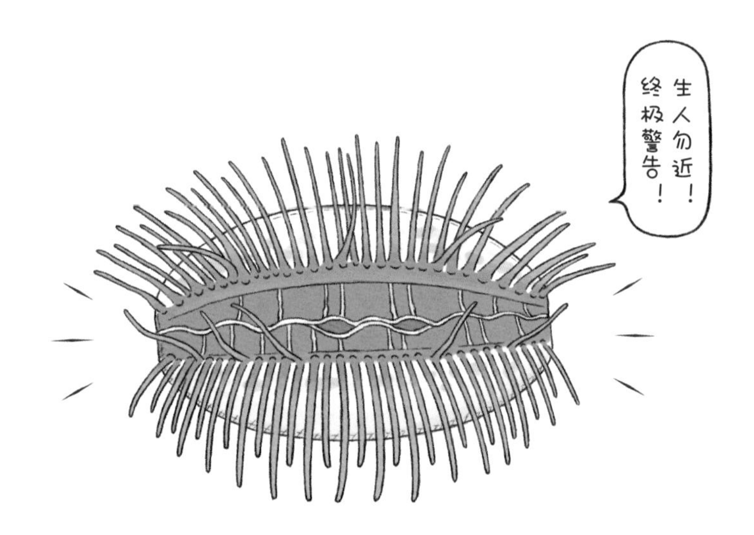

一些蛇类、蛙类等动物有着非常鲜艳的体色，以此来告诉其他动物自己有剧毒，警告敌人不要靠近，科学家们称之为“警戒色”。

圆栉锉蛤（zhìcuògé）也会用类似的手段来威慑敌人，但它们不是用颜色，而是通过闪光来达到这一目的。**圆栉锉蛤的外套膜——附着在壳内壁的一层薄膜——边缘能够反射周围的光线，当它们快速伸缩身体时，就会发出闪电般的光，从而吓退敌人。**

不过，它们其实没有毒。要说圆栉锉蛤什么最厉害，还要数它们的味道，**简直难吃至极**——虾蛄（gǔ）等天敌刚用口器接触到它们，**就会连连后退，合上口器僵在原地，好半天才缓过来。**

生物名片

双壳纲

- **中文名** 圆栉锉蛤
- **栖息地** 西太平洋的热带海域
- **大小** 体长约7厘米
- **特点** 也被称为“闪电贝”

Q 黑灰离褶伞生长在什么上面？

➡答案见第140页

黑带二尾舟蛾的幼虫顶着一张假脸来保护自己

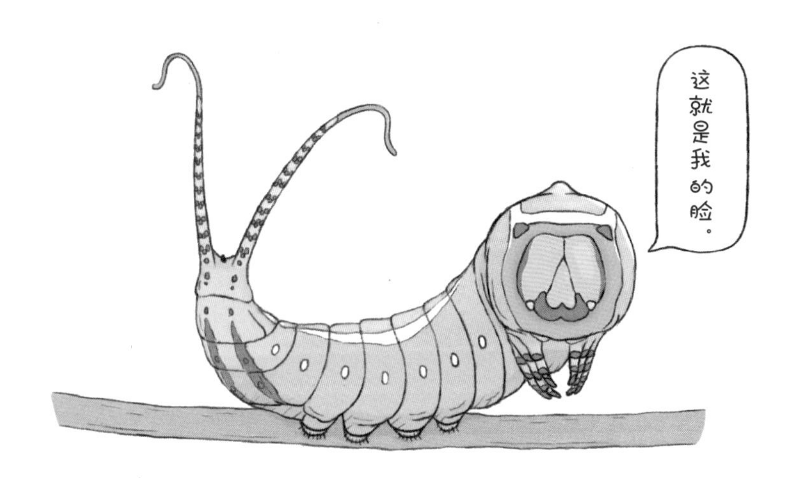

黑带二尾舟蛾成虫的翅膀上有酷似木头纹理的花纹，能让它们完美地融入树林之中，很好地保护自己。但在幼虫阶段，它们**头部周围有一圈鲜艳的粉红色**，碧绿的体色也相当抢眼。

于是，它们想出了一个妙计——扮一张恐怖的假面来吓唬敌人。当敌人靠近时，它们会立起身子，把头探出去。这样一来，脑袋后上方的两个黑点看上去很像一双眼睛，粉色的圆圈则是脸孔上的嘴巴。整个虫虫**看起来就像一条张着血盆大口、狠狠瞪着对方的蛇**。

这架势和我们小时候吓唬别人的招数差不多，比如**悄悄躲在外星人形象的立牌后面，只露出一张脸**。至于效果嘛，就因人而异了。

生物名片

昆虫纲

- **中文名** 黑带二尾舟蛾
- **栖息地** 亚洲和欧洲的森林、公园和花园
- **大小** 体长约6厘米（幼虫）
- **特点** 幼虫以柳树、杨树的树叶为食

转角牛羚外形像马，其实是牛科大家族的一员。通常，它们由雄性和雌性共同组成 10 头左右的小群体一起生活。不过，每当雨季来临，它们便会聚集起来，**组成超过 500 头的大群体，举行一年一度的相亲派对**。

在这场盛大的集体相亲中，雄性转角牛羚会互相追逐，向雌性展示自己的体力。气氛热烈时，**雄性之间还会互相顶角，用类似相扑的方式一决胜负**。

取得胜利的雄性可以进入群体中心，获得大多数雌性的青睐。而**战败的一方只能可怜兮兮地站在群体外围**，如果不幸遭到食肉动物的袭击，很可能就一命呜呼了，可谓是赔了“夫人”又折“命”，让人同情。

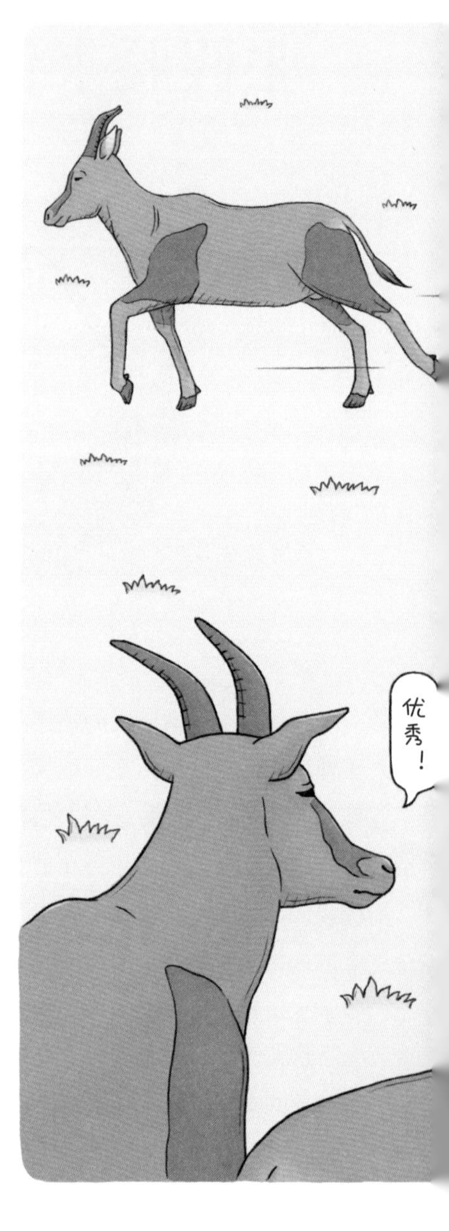

生物名片

哺乳纲

- **中文名** 转角牛羚
- **栖息地** 非洲中部至南部的热带草原和森林
- **大　小** 体长约1.8米
- **特　点** 有时会混入其他食草动物的群体中

 A 第138页的答案➡小便。

雄性转角牛羚一旦相亲失败，下场会很惨

布氏鲸吃相不佳

每到开饭时间，人类父母常常会这样教育孩子：“坐下来好好吃饭。”而布氏鲸的父母则**教孩子站在水中吃鱼**。

为了一口气多吃点儿水面附近的小鱼，它们想出了一种特别的“干饭”方式：将头探出海面，啪的一下把嘴张到近 90 度，摆动尾鳍立泳几分钟，然后保持一会儿，**等待小鱼源源不断地跑进“大嘴陷阱”里**。

也许你会好奇，小鱼们怎么会乖乖游进嘴里呢？原来，布氏鲸的下颌沉入水中时，**会产生一股水流，如黑洞般将附近的小鱼统统吸入。虽说吃相不雅，但凭这招，布氏鲸足以跻身“最强干饭人”行列。**

生物名片

哺乳纲

- **中文名** 布氏鲸
- **栖息地** 广泛分布在温暖海域
- **大小** 全长约14米
- **特点** 中国涠洲岛的布氏鲸还会自旋转捕食、合作捕食

Q 大王花会散发出什么气味？

➡答案见第144页

雄性蟋蟀会边唱歌边赶走其他雄性

一到秋天，人们就会不由得想到蟋蟀的叫声。"唧唧唧唧……"清凉而美妙的虫鸣让人的心情也跟着平静下来。

不过，只有雄性蟋蟀才能发出鸣叫。其"**歌曲**"**可以分为三种**：第一种是呼唤远处雌性的"**召唤之歌**"；第二种是等雌性过来后，向其求婚的"**告白之歌**"；最后一种则是与其他雄性或敌人争斗时的"**驱逐战歌**"。

人们听到蟋蟀的歌声，感觉**心灵仿佛得到了净化**，但实际上，这些歌唱家们或许正忙着驱逐敌人、发泄满腔怒气呢！

生物名片

昆虫纲

■**中文名** 黄脸油葫芦

■**栖息地** 中国、日本的农田和草原

■**大小** 体长约3厘米

■**特点** 杂食性昆虫，不论植物还是昆虫的尸体都来者不拒

双叉犀金龟的飞行速度比菜粉蝶还慢

双叉犀金龟俗称独角仙，有着黑亮的身体和巨大的角，**是昆虫界当之无愧的“杂木林之王”**。在树林中觅食时，它们能轻松战胜其他昆虫，大口畅饮麻栎（lì）和枹（bāo）栎的树汁。

它们强大的秘诀就在于相对庞大的身体。它们的竞争对手锯锹的体重只有 2 克，而**雄性双叉犀金龟的体重可达 10 克以上**，胜负毫无悬念。

但是，也因为身体太沉，它们极其不擅长飞行。**菜粉蝶 1 秒钟只能飞 2 ~ 3 米远，但双叉犀金龟竟然比它们飞得还慢**。此外，双叉犀金龟还有一个弱点：如果在白天被阳光直接照射，可能会因**体温过高而死**。

生物名片

昆虫纲

- **中文名** 双叉犀金龟
- **栖息地** 东亚的森林
- **大小** 体长约4厘米（不含角）
- **特点** 拥有两片坚硬的前翅和两片柔软的后翅

A 第142页的答案➡腐肉的气味。

雄性鹊鸭求偶时会把头部使劲向后仰

人类男性求婚时，通常会精心准备浪漫的仪式来打动女性，据说这可以**让她们暂时放下理性，从而提高求婚的成功率**。有些动物也会用类似的手段，比如雄性孔雀会展开美丽的尾上覆羽献舞一曲，雄性蜘蛛则会用蛛丝把虫子打包起来，作为礼物送给雌性。

而雄性鹊鸭的想法可能是：“**一边做角力桥①一边告白，简直帅呆了！**”一只雌性鹊鸭周围往往围着 2 ~ 3 只雄性，这些雄性都努力做出角力桥的姿势，使劲把头往身后仰，没有一只正脸朝向雌性。

好在雌性审美“在线”，它们会选择**姿势最棒的那只作为配偶**。

①一种摔跤技术。运动员在比赛中被摔倒后，为了避免双肩着地而失败，分别以前额和双足为三角支撑点，将身体弯曲成桥形。

生物名片

鸟纲

- **中文名** 鹊鸭
- **栖息地** 北半球的水边
- **大小** 全长约45厘米
- **特点** 俗称“白脸鸭”，但只有雄性脸颊上有圆形白斑

中华鳖通过嘴巴排出尿液

爬行动物一般通过屁股（泄殖腔）排出尿液，但中华鳖还可以**通过嘴巴小便**。

中华鳖生活在中国近海的河流或富含淡盐的沼泽、湿地中，它们喝水时也会**摄入大量的盐分，必须及时排出，以免对身体造成伤害**。

于是，它们想出一个绝妙的对策：**用漱口的方式把尿素排出体外**。如果用屁股排尿，同时也会排出大量水分，那样就必须再去喝水，还会摄入盐分。而用嘴巴排尿则没有这种烦恼。因此，它们选择把头埋进水中，用漱口的方式排出体内积存的尿素。

听起来不错，但让人不禁疑惑，这么做嘴巴里不会有异味吗？

生物名片

爬行纲

■**中文名** 中华鳖

■**栖息地** 东亚、东南亚的河流与池沼

■**大小** 背甲长约30厘米

■**特点** 吻部和颈部较长，能探出水面呼吸

Q 蚓螈宝宝的食物是什么？

➡答案见第148页

泥鳅特别爱放屁

刚才介绍的中华鳖通过嘴巴排尿，而泥鳅则会用肠道呼吸。看来为了适应环境，它们的进化已经完全“放飞”了，但还是有必要说明一下其中的缘由。

泥鳅平时栖息在水中，用鳃和皮肤呼吸。如果池塘或河流里氧气不足，它们就会**把头探出水面，嘴巴一张一合地大口吞下空气**，接下来由直来直去的肠道辅助吸取其中的氧气，**余下的废气则通过肛门被咕嘟咕嘟地排到水中**。

令人遗憾的是，由于泥鳅不停地放屁，附近的水面上会浮现许多泡沫。这样一来，位置很快就暴露了。

生物名片

硬骨鱼纲

- **中文名** 泥鳅
- **栖息地** 东亚的河流和水田
- **大小** 全长约20厘米
- **特点** 嘴边有5对代表性的须

合趾猿夫妇会用二重唱来表达爱意

合趾猿夫妇在森林里过树栖生活，彼此通过唱歌的方式沟通。不过它们**不爱独唱，就喜欢夫妻合唱**。

夫妻俩的二重唱分工非常明确。一旦雌猿发出“**大调**”式的响亮鸣声，雄猿便会立马跟上，献上“**终曲**”作为回应，把整首歌推向高潮。

这种二重唱不仅**可以增进合趾猿夫妇间的感情**，还能起到宣示领地主权的作用，可谓一举两得。

日本爱知县东山动植物园有一只雄猿会发出“哇啊啊——”的独特叫声，像极了人类中年大叔发泄烦恼时的哀号，因而成了园区里的大明星。

生物名片

哺乳纲

- **中文名** 合趾猿
- **栖息地** 东南亚马来半岛和苏门答腊岛的森林
- **大小** 体长约1米
- **特点** 会鼓起喉囊发出响亮的鸣声，声音能传到3~4千米外

A 第146页的答案➡妈妈身上的皮肤。

斑马的叫声很像狗叫

你听过马的叫声吗？它们在呼唤远处的同伴时，**会发出“咴咴”的叫声**；在互相争斗或情绪紧张时，则会发出**高昂的“嘶嘶”长鸣**。

斑马和家马同属于马科马属家族，外形也很相近，按理说叫声应该差不多，但不知为什么，**斑马竟然会像狗一样发出“汪汪”的叫声**。

更令人意外的是，叫声和外表“反差萌”的动物不在少数：**长颈鹿**像牛一样“**哞哞**”叫，**考拉**像猪一样“**咕噜噜噜**”地低声叫，**白犀**则像小奶猫一样“**喵喵**”叫，真是让人摸不着头脑。

生物名片

哺乳纲

- **中文名** 平原斑马
- **栖息地** 非洲东部至南部的热带草原和森林
- **大小** 体长约2.3米
- **特点** 身上的条纹和人类的指纹一样，每匹都不同

苔藓越来越难吃

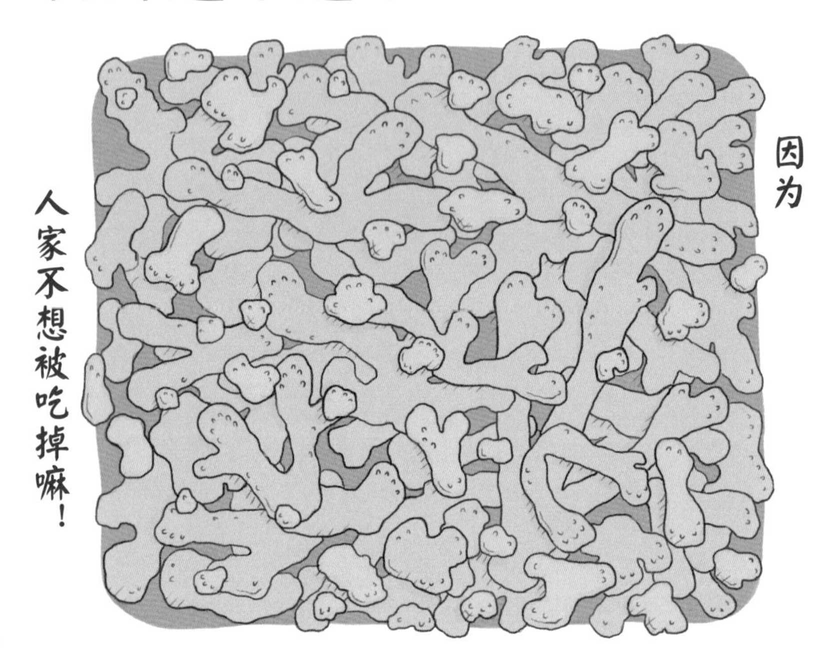

很多植物会开美丽的花朵、结出美味的果子，**吸引动物前来采食花蜜和果实**，帮助自己传播花粉和种子，在新的地方繁衍后代。

不过，蛇苔靠自己的力量就能繁衍后代，对它们来说，以蛇苔为食的动物都是敌人。于是，蛇苔在体内积蓄了一种又苦又辣的化学物质，**在漫长的岁月里变得越来越难吃**，以此保护自己不被吃掉。

但是，食欲旺盛的人类让蛇苔的这些努力都化为乌有——**人们把它们切成薄片油炸、做成醋拌凉菜等美食大快朵颐**，真是让苔藓无路可逃啊！

生物名片

苔类植物门

- **中文名** 蛇苔
- **栖息地** 广泛分布在阴暗、潮湿的环境中
- **大小** 高约几厘米
- **特点** 用手揉搓会散发出松茸一样的香气

Q 如果在狮子面前挥舞巨型逗猫棒，会发生什么？ ➡答案见第156页

牛一整天都在咀嚼

看到牛在慢悠悠地咀嚼时，你可能会想："每天只要吃草就行了，真是无忧无虑啊。"但其实，**吃草这件事对牛来说并不容易。**

青草中含有丰富的纤维素，牛需要耗费很长时间才能将其消化。可能也是出于这个原因，**牛有 4 个功能各异的胃，可以将草一点点消化**。它们会把吃下去的草从胃返回嘴里，再次努力嚼碎，这样的过程叫作反刍（chú）。虽然吃相可能有点儿不雅，但这能让草变得更加柔软、容易消化。

问题是，牛用这种方式吃草，**一顿饭要花上 4 ~ 9 个小时**，甚至连睡觉也在不停地咀嚼。

生物名片

哺乳纲

■**中文名** 牛
■**栖息地** 被作为家畜广泛饲养
■**大小** 体高约1.4米
■**特点** 全世界饲养量超过14亿头

档案 03　棕扇尾莺

经常情不自禁地表演杂技

正……
正在挑战
极限劈叉……

为了躲避敌人的袭击，棕扇尾莺栖息在丛生的芦苇等植物间。当它们想要登高眺望远方时，就会站在植物茎上开始表演杂技。

档案 05　日本猕猴

热爱泡温泉

日本猕猴生活在寒冷的山林地区，为了抵御严寒，它们会在冬日里成群结队地去泡温泉暖暖身。

放松一下……

档案 04　亚洲貘

忍不住喷射大量尿液

去到更远的地方！

亚洲貘为了标记领地，会猛地向身后喷出尿液，溅得到处都是。

档案 06　狐狸

钻到雪里觅食

呀嘿！

即便在寒冷的冬天，狐狸也不得不外出寻找老鼠等猎物来填饱肚子。它们循着雪地里发出的细微声响来判断老鼠的位置，然后迅速钻进雪中捕食。

让人遗憾的本能大比拼

为了生存和繁衍后代，生物练就了各种各样的本能。但有一些能力让人觉得非常不可思议，至今仍然想不通它们为什么要练成这些奇奇怪怪的本事，而不另寻一些正常的方法。那么，生物们究竟拥有怎样的本能呢？让我们一起来了解一下吧！

档案 01　　木蛙

一到冬天，全身就会不由自主地冻住

生活在寒冷地区，能熬过严酷的冬天。每到极度寒冷的隆冬时节，它们就会全身冻住，甚至连心脏也停止跳动，直到春天来临才会复苏。

档案 02　　猫

一看见箱子，就忍不住钻进去

猫在还没有被人类驯化时，为了躲避野外的天敌，通常选择睡在空间狭小的地方，比如树洞或茂密的草丛中。即使到了今天，它们一看到狭小的空间，还会控制不住本能，想马上钻进去。

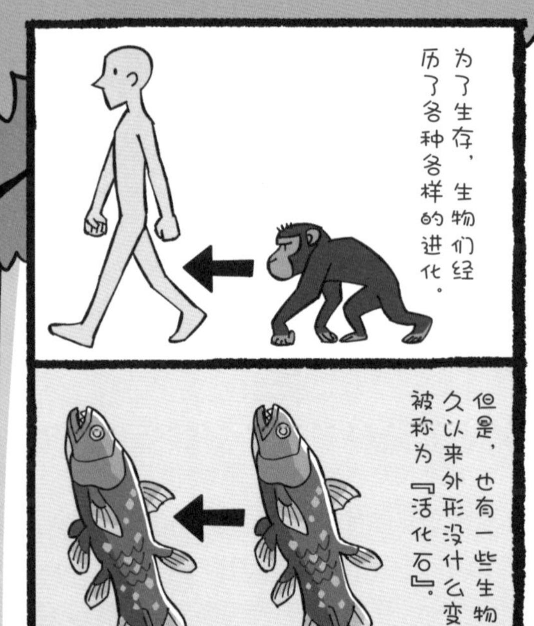

为了生存，生物们经历了各种各样的进化。
但是，也有一些生物长久以来外形没什么变化，被称为『活化石』。

从过去到现在
一直很完美！
也就是说，这些『活化石』长期以来适应了环境的变迁。
看，这位蟑螂3亿年来外形没什么变化，也是『活化石』，只不过……
为什么只有我被嫌弃……

大家好，我是鼠兔。虽然没有腔棘鱼和楔齿蜥那么厉害，但200万年来，我们也没什么变化。我们曾经生活在冰河时期，气候变暖后，便移居到了相对寒冷的高山上，一直生存至今。

鼠兔

虽然环境发生了变化，但它们找到了其他可以适应的环境，得以幸存。

4 这些生物没有进化?!

哈喽，我是楔齿蜥！这2亿年来，我的样子基本没有改变。你知道为什么吗？因为我们的体温很低，可以忍耐低温！所以，我们才能在其他爬行动物无法忍耐的环境中存活下来！

晚上好，我是腔棘鱼。什么，现在不是晚上？我们一直生活在深海中，所以周围永远一片漆黑。如今我们栖息在岛屿附近的深海，这里的生活环境和从前没什么变化，因此我们也一直保持着3.8亿年前的模样。

腔棘鱼

生活在深海中，因为生活环境几乎没有变化，外形与3.8亿年前几乎一模一样。

楔齿蜥

可以忍耐低温，即使环境发生变化，也依旧存活了下来。

索 引

介绍本书中出现的同类生物。

脊索动物

长有脊椎（脊柱）或脊索（原始的脊柱）的动物。

胎生，父母生下与自己形态相似的孩子，用乳汁喂养。恒温，用肺呼吸。

卵生，大多长有翅膀，能翱翔于天际。恒温，用肺呼吸。

 A 第150页的答案 ➡ 它会像猫咪一样津津有味地玩耍起来。

爬行纲

卵生，用肺呼吸，体温随周围环境的温度变化。

两栖纲

卵生，幼时在水中用鳃呼吸，成体变为用肺呼吸。体温随周围环境的温度变化。

硬骨鱼纲

在水中生活，用鳍游泳。大多为卵生。体温随周围的水温变化。

软骨鱼纲

卵生、卵胎生或胎生。在水中生活，用鳍游泳，骨架由软骨构成。

海鞘纲

在水中生活，幼体能自由游动，成体附着在岩石或海藻上。

樽海鞘纲

在水中漂浮生活。用酒樽般的身体吸入海水，捕食猎物。

无脊索动物

没有脊椎（脊柱）或脊索，脊椎动物以外的动物。

身体分为头、胸、腹3部分。大多长有触角和翅膀，足有3对6只。

身披甲壳，呈虾形或蟹形。绝大多数时间生活在水中，用鳃呼吸。

嘴边有名为螯肢的器官。脚通常有4对8只。

乌贼、章鱼的同类。身体分为头、躯、腕3部分，腕从头部长出。

螺的同类。身体柔软，多有螺旋壳。

两侧对称的贝壳包裹住左右柔软的身体。没有头、眼睛和触角。

在水中生活，身体呈果冻状。漂浮于水中，用触手捕食猎物。

有 5 个腕，呈星形。口在身体中央。

身体呈筒状且柔软。背上有疣状突起。

单细胞生物。表面生毛，利用毛活动。

植物

利用水、二氧化碳、阳光制造能量。

不明类别

图书在版编目（CIP）数据

更遗憾的进化. 1 /（日）今泉忠明编 ；（日）下间文惠等绘 ；郑钰晓译. -- 海口 ：南海出版公司，2024.3
ISBN 978-7-5735-0630-6

Ⅰ. ①更… Ⅱ. ①今… ②下… ③郑… Ⅲ. ①生物－进化－少儿读物 Ⅳ. ①Q11-49

中国国家版本馆CIP数据核字(2023)第234736号

著作权合同登记号　图字：30-2023-103